时装画·礼服设计
手绘技法与创意表现

李惠菁 著

人民邮电出版社
北京

图书在版编目（CIP）数据

时装画·礼服设计手绘技法与创意表现 / 李惠菁著
. -- 北京 : 人民邮电出版社, 2019.9
ISBN 978-7-115-51597-1

Ⅰ. ①时… Ⅱ. ①李… Ⅲ. ①服装设计—绘画技法
Ⅳ. ①TS941.28

中国版本图书馆CIP数据核字(2019)第132036号

内容提要

本书突破服装画原有的表现方式，使用画材、珠钻、亮片、羽毛与特殊线材完成高级礼服服装画设计与制作。全书分为三部分，第一部分主要介绍了服装的轮廓类型和手绘背景类型；第二部分通过38款不同材质的高级礼服定制设计实例带领大家进行实践；第三部分介绍了三款礼服的制作过程。

本书展示的作品华丽精致，通过时尚摄影的拍摄方式更显立体感，让服装画创作达到新的境界，适合对服装设计感兴趣的读者阅读。

◆ 著　　　李惠菁
　责任编辑　张丹阳
　责任印制　马振武
◆ 人民邮电出版社出版发行　北京市丰台区成寿寺路11号
　邮编　100164　电子邮件　315@ptpress.com.cn
　网址　http://www.ptpress.com.cn
　北京东方宝隆印刷有限公司印刷
◆ 开本：889×1194　1/16
　印张：10
　字数：308千字　　　2019年9月第1版
　印数：1－3 000册　　2019年9月北京第1次印刷
著作权合同登记号　图字：01-2018-7763号

定价：69.00元

读者服务热线：(010)81055410　印装质量热线：(010)81055316
反盗版热线：(010)81055315
广告经营许可证：京东工商广登字20170147号

作者序

这次的创作从第一件作品开始，自己就处于兴奋的状态，创作的过程中，又迸发出很多其他的想法，变化也越来越多，对自己来说也是一次很大的突破。

整件事情的开始，原本是想帮一位朋友的商品做出不一样的设计，赋予商品多层次的机会与变化，没想到越做越有趣。希望这本书的出版可以提供另一种可能，让服装画设计有全新的面貌，也让大家能以有趣的方式创造更精致的作品。

李惠菁

目 录

礼服的轮廓和手绘背景类型

礼服的多样性除了来自材质，也因设计不同，呈现不同的轮廓，进而让造型千变万化。

针对不同类型的礼服，加上不同形式与方向的手绘背景，可以让服装画更突出。

1

形状 1

上半身合身方形，下半身圆弧蓬裙。

形状 2

长方形，合身的礼服款式。

形状 3

伞状，A 字形的连身款式。

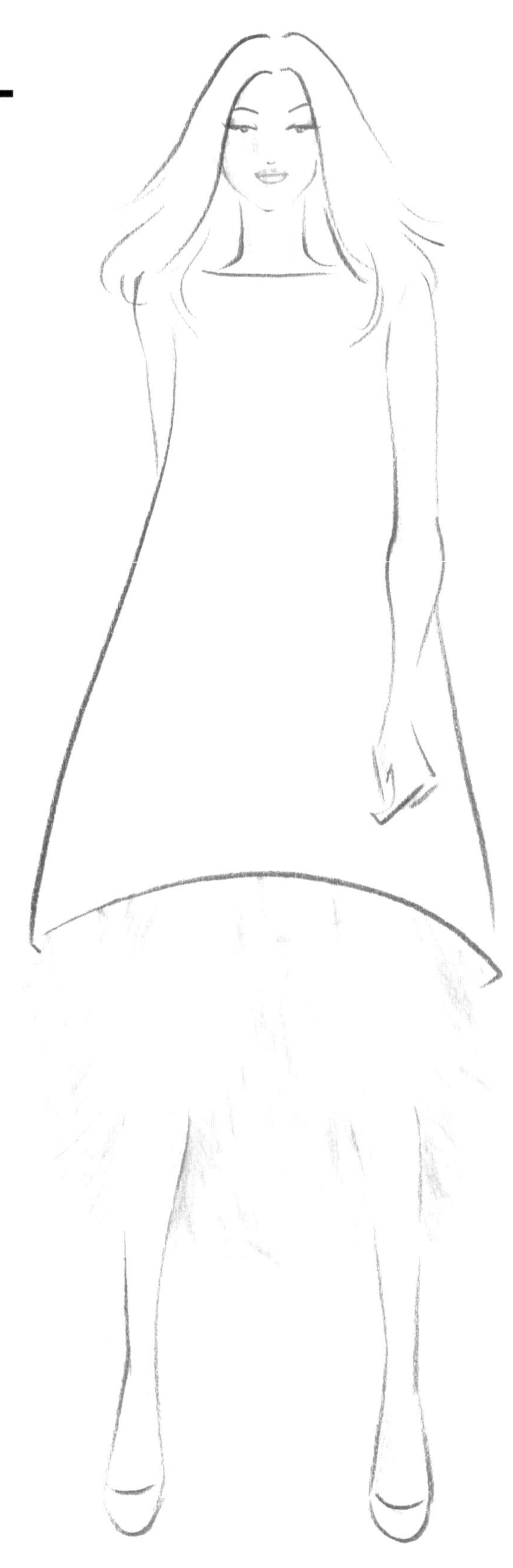

形状 4

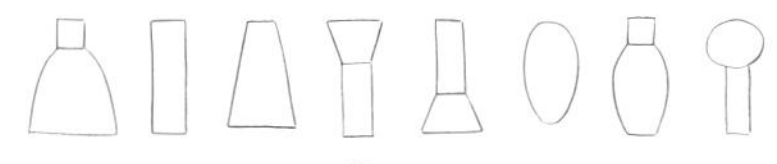

上半身 V 字形，下半身长方形。

形状 5

上半身长方形，裙摆呈梯形。

形状 6

椭圆形。

形状 7

上半身合身方形，下半身椭圆形。

形状 8

上半身圆形，下半身长方形。

右斜式带状背景

右斜式扇状背景

圆形散状背景

左斜式背景

L 形背景

左曲线式背景

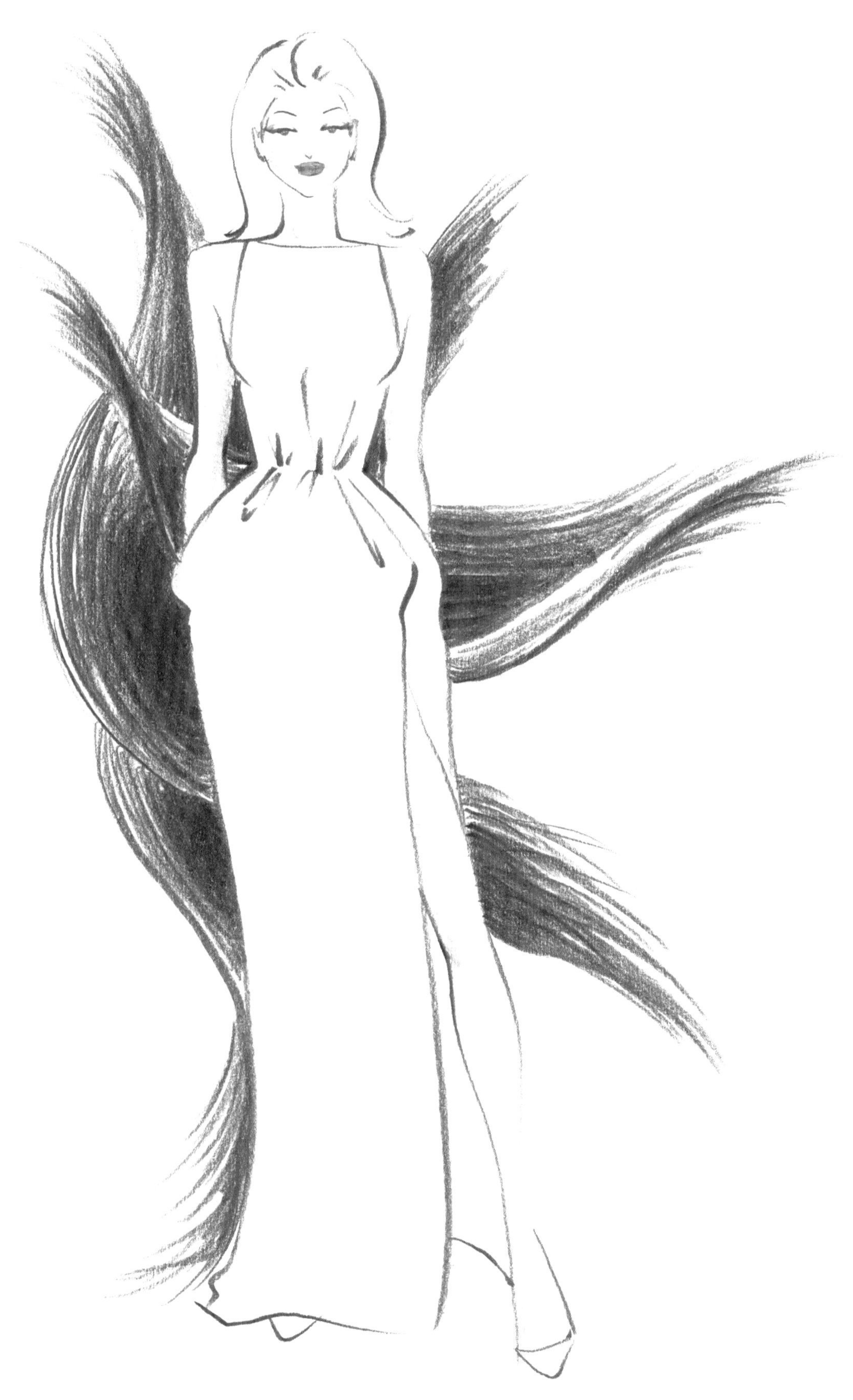

向上放射状背景

向右曲线放射状背景

38 款立体感

礼服设计实例

利用画材、珠饰、特殊线材让服装画呈现高级定制服装的精致感与立体感，开启服装画的新篇章。

GERMANY
Polychromos

画材

利用金葱笔、金粉、亚克力颜料呈现礼服华丽又闪亮的光泽、细节与立体感。

01

露背开衩礼服

工具和材料

墨笔、油性色铅笔、
银粉

底图绘制重点

TIPS

1. 脚背、脚踝有厚度，所以画鞋带时要有弧度，看起来较有立体感。

2. 点画放射状图案，中心厚度较明显。

1 | 2

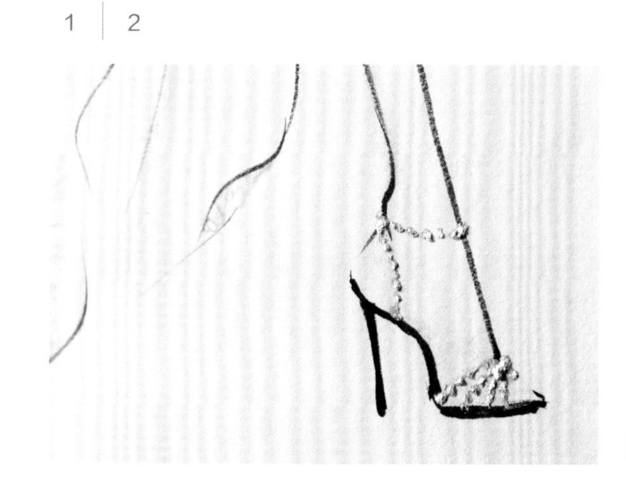

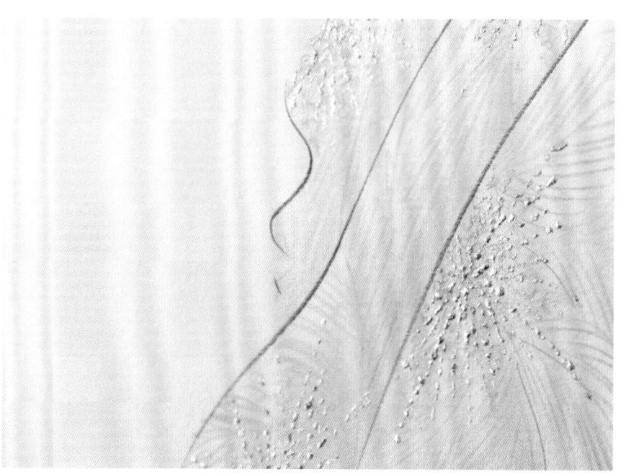

对背部链条进行不对称设计。

02

金葱蕾丝礼服

工具和材料

墨笔、油性色铅笔、金葱笔

底图绘制重点

TIPS

1. 先画蕾丝的底布，再用金葱笔以点画的方式表现局部的蕾丝花样。

2. 鱼尾纱裙的部分，用金葱笔局部点画。

1 | 2

03

立体金饰礼服

工具和材料

墨笔、油性色铅笔、金粉

底图绘制重点

TIPS

将金粉调至浓稠状态进行描画，才能表现出金饰光泽鲜艳的立体效果。

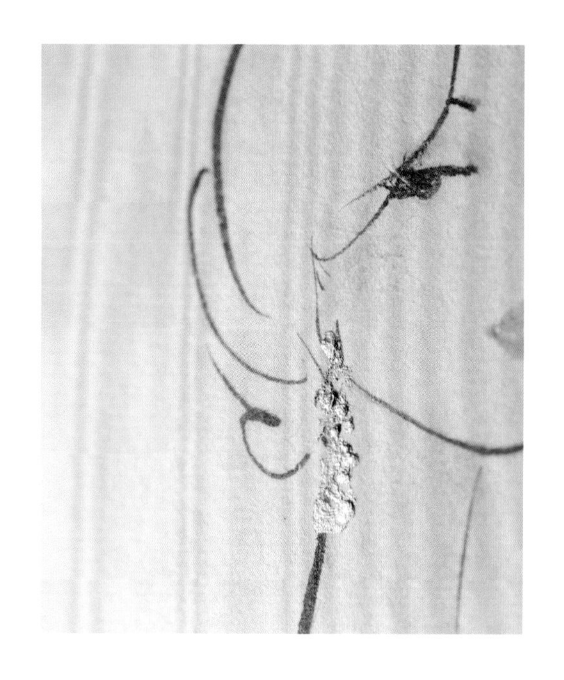

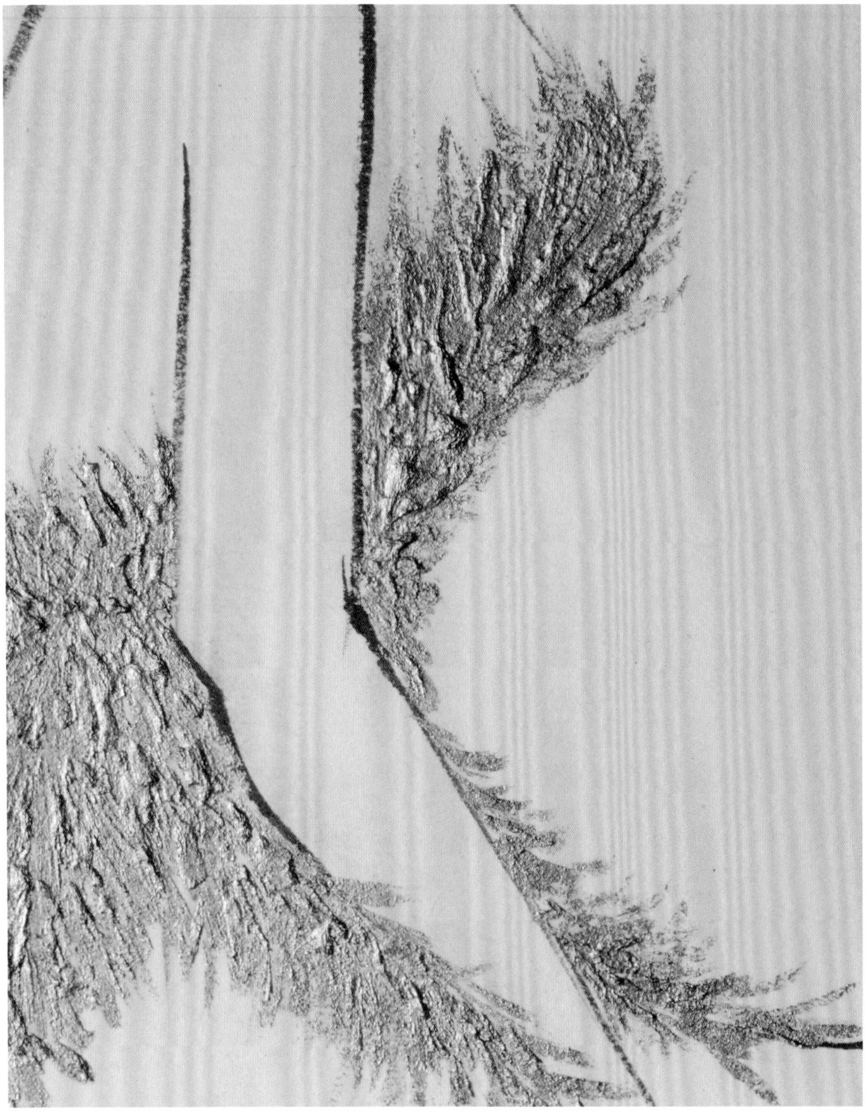

层层堆叠金粉，表现出明显的厚度。

04

立体厚蕾丝礼服

工具和材料

墨笔、油性色铅笔、
亚克力颜料

1
2
3

TIPS

1. 绕颈背链进行不对称设计，有厚度的画法呈现出分量感。

2. 手臂向后摆，肩胛骨看起来较明显。

3. 利用色铅笔画底部薄蕾丝，再用亚克力颜料表现具有立体感的厚蕾丝。

底图绘制重点

腰在重心线右方，胸、腰、腿呈一条直线

脚跟抬起

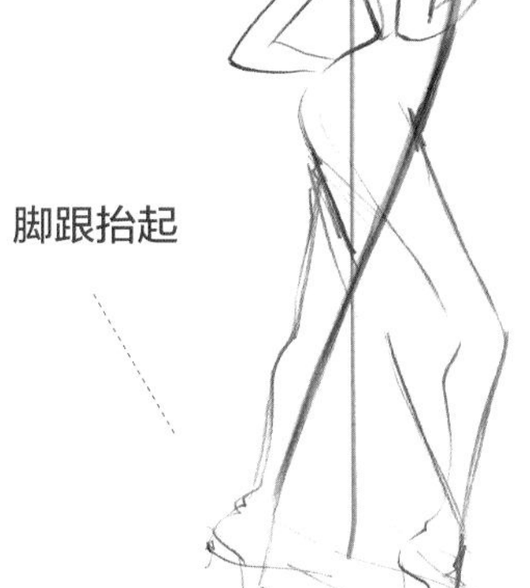

姿势变化

05

黑羽毛露背礼服

工具和材料

墨笔、油性色铅笔、
亚克力颜料

底图绘制重点

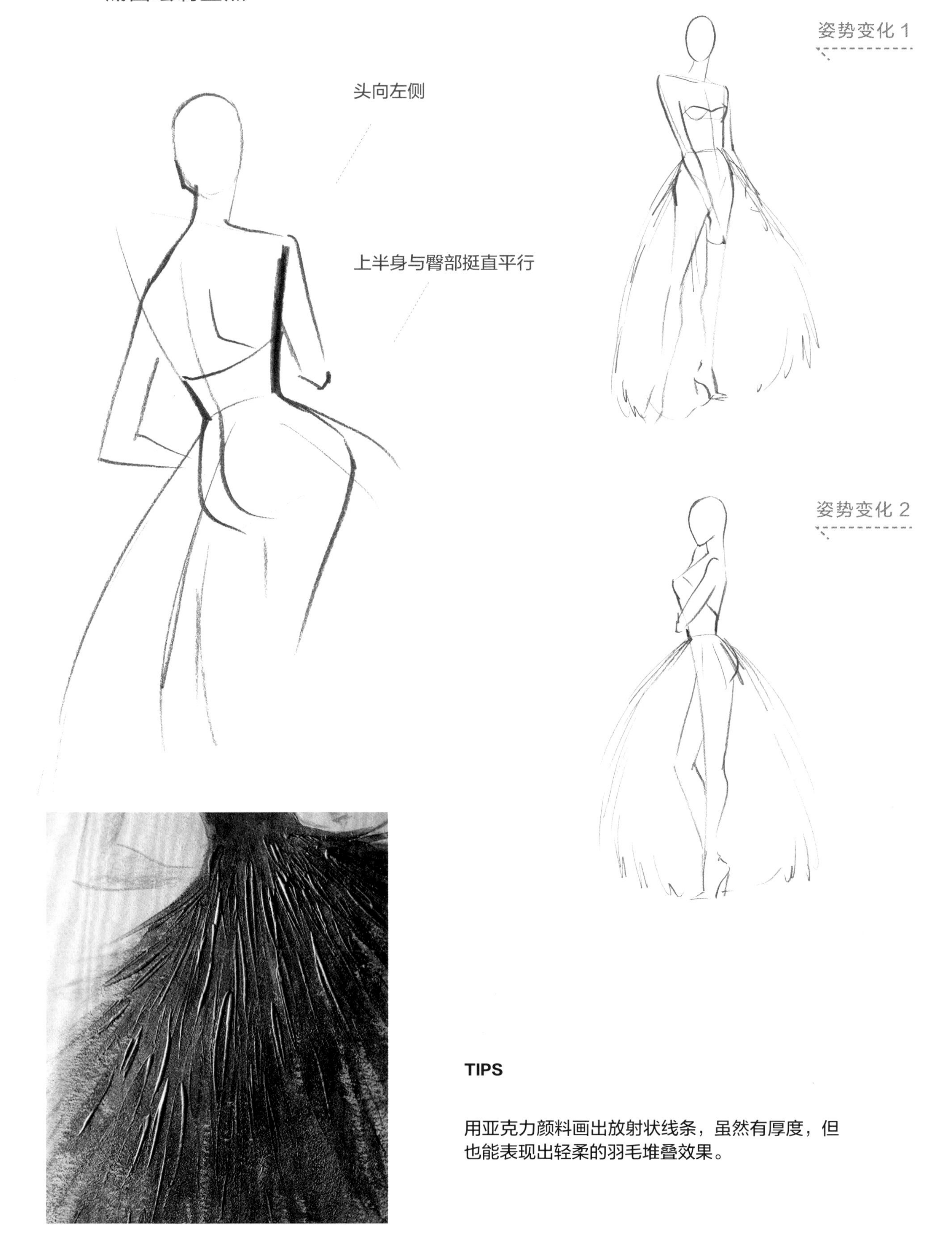

TIPS

用亚克力颜料画出放射状线条，虽然有厚度，但也能表现出轻柔的羽毛堆叠效果。

线材

利用各式各样的线材来丰富服装画的表现，同时也能表现出立体感。

06

线纱珠饰礼服

工具和材料

墨笔、油性色铅笔、

金葱笔、线纱、珍珠

底图绘制重点

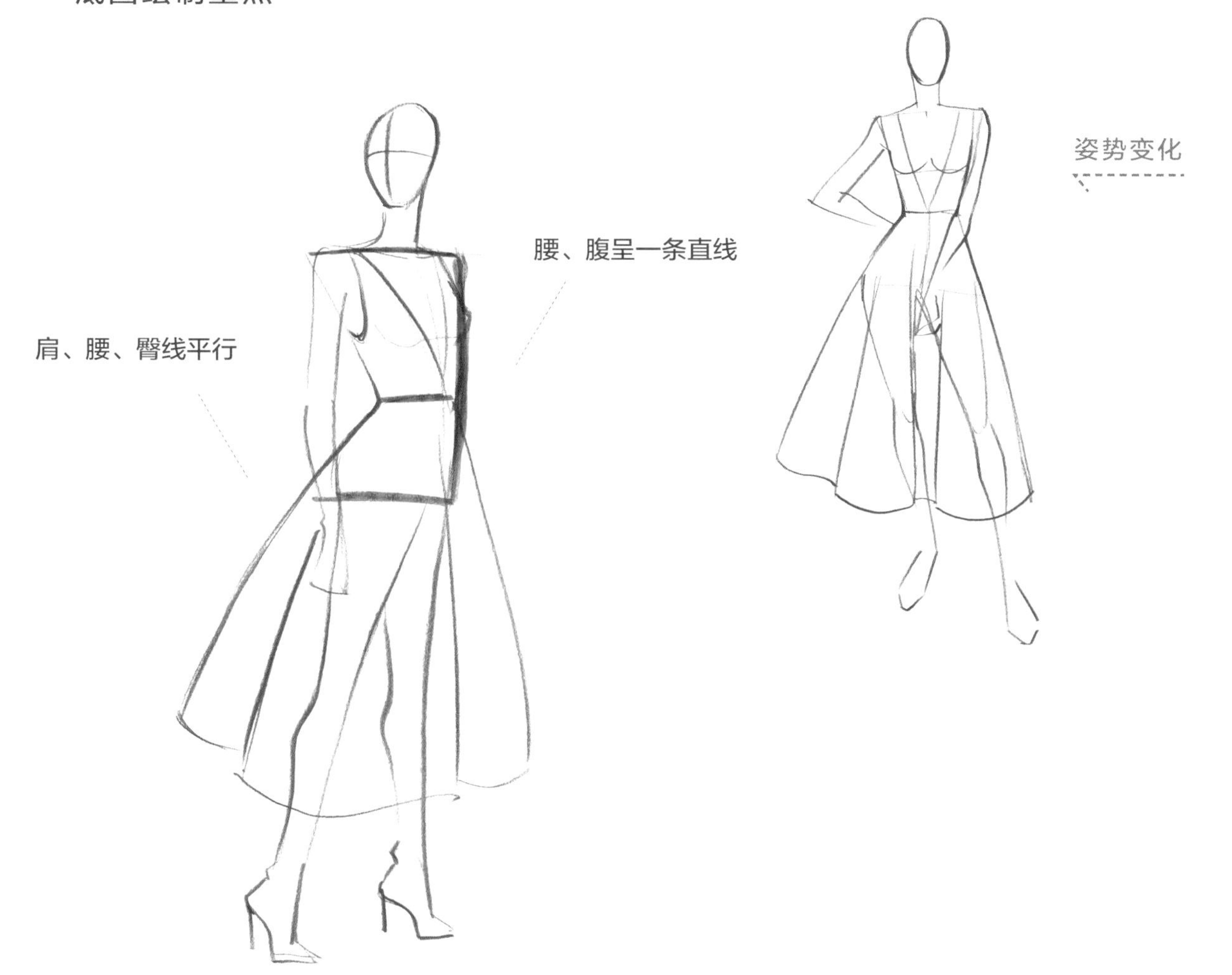

TIPS

先用金葱笔画出耳环顶部，下方再粘上珍珠，表现出有层次的耳饰。

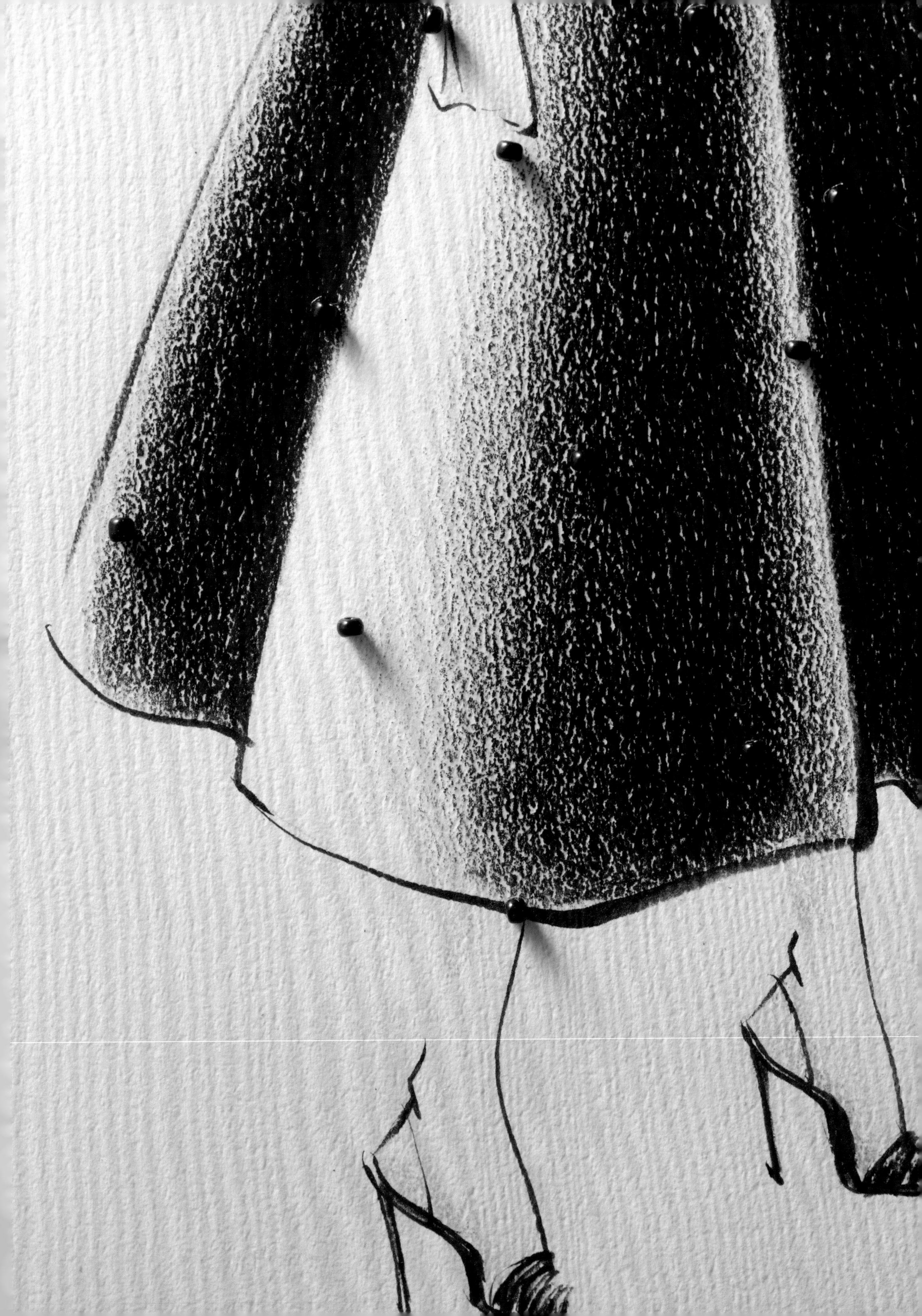

由上往下粘贴不同材质的线纱和珍珠，并以腰部为中心分别朝上、下呈放射状粘贴。

07

立体玫瑰礼服

工具和材料

墨笔、油性色铅笔、

线材、珠饰

底图绘制重点

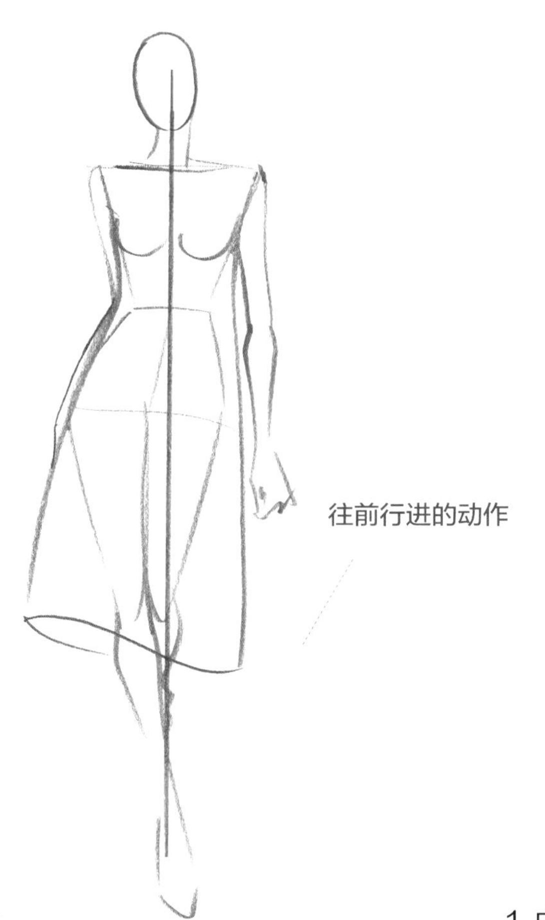

往前行进的动作

姿势变化

TIPS

1. 由中心向外卷成花的形状。

2. 粘上大小不一的花朵，再用同样的线材向外侧延展，粘贴出叶片的形状。

1 | 2

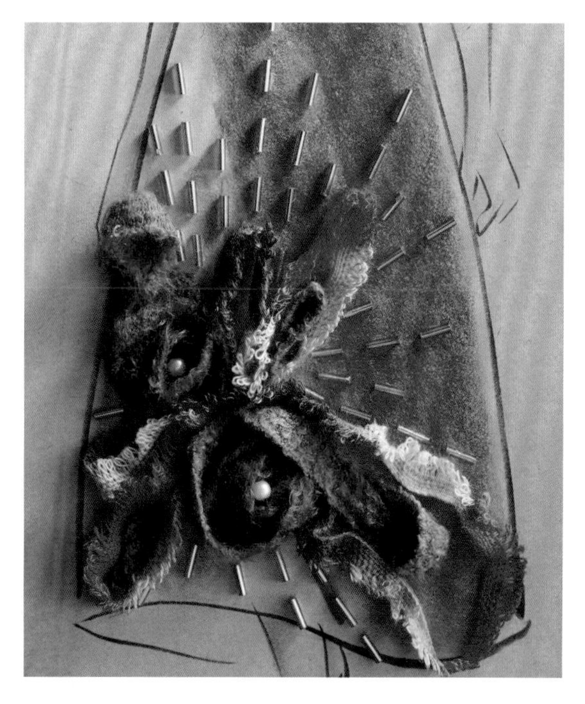

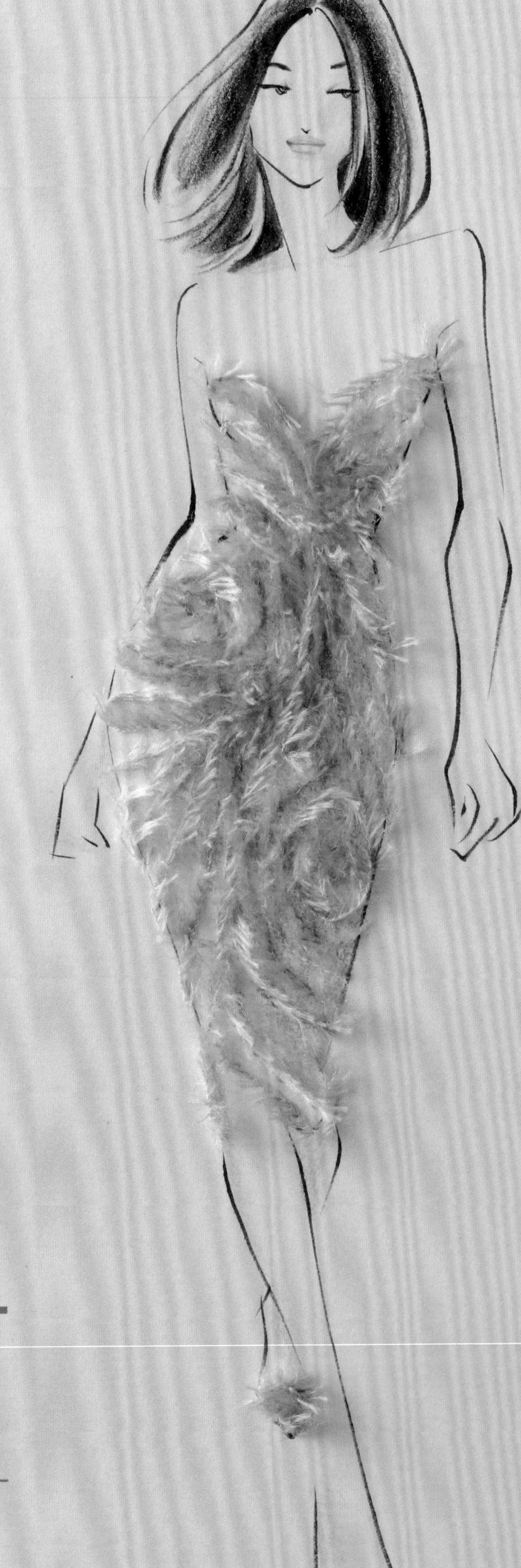

08

细线纱礼服

工具和材料

墨笔、油性色铅笔、

细线纱

底图绘制重点

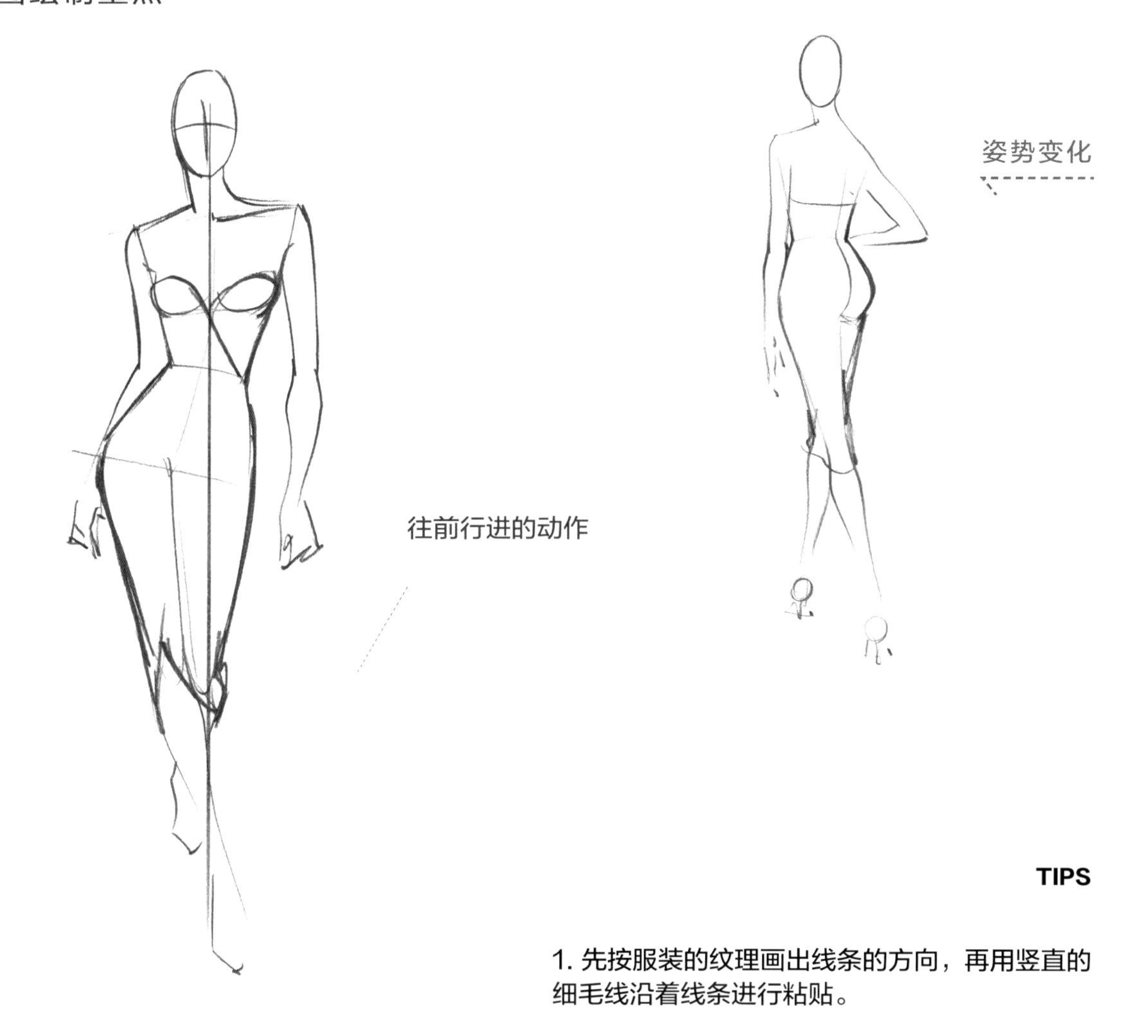

TIPS

1. 先按服装的纹理画出线条的方向，再用竖直的细毛线沿着线条进行粘贴。

2. 从鞋尖开始，以 S 形绕法粘贴，完成鞋子。

1 | 2

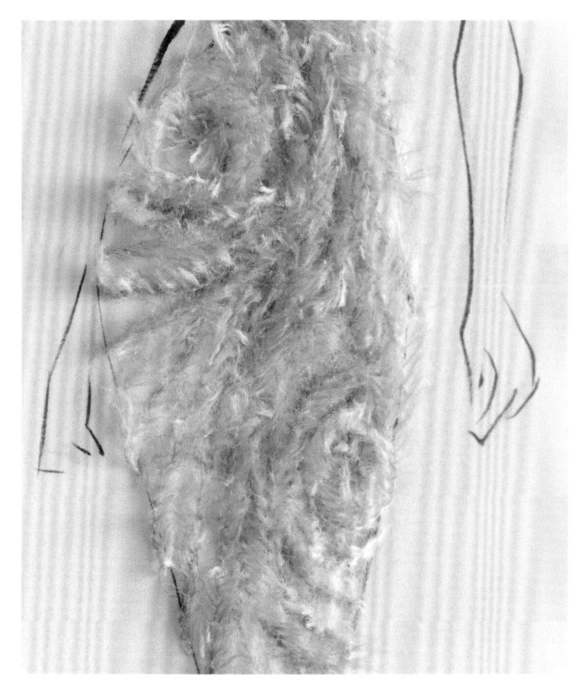

09

鱼尾长礼服

工具和材料

墨笔、油性色铅笔、
特殊线材、珠饰、水钻

底图绘制重点

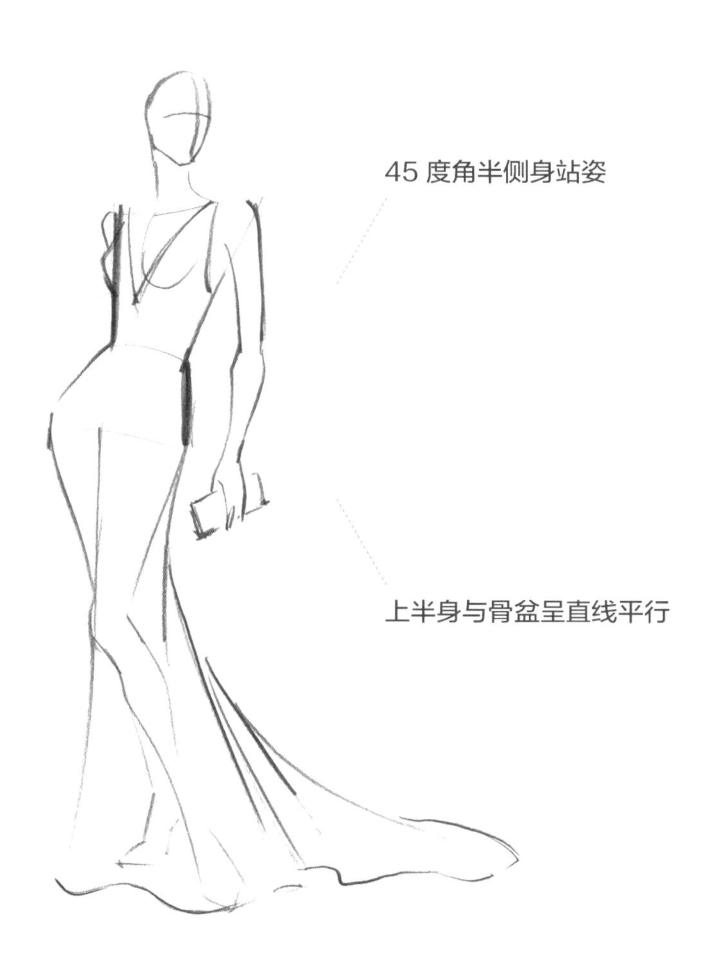

45 度角半侧身站姿

上半身与骨盆呈直线平行

姿势变化

TIPS

1. 线纱间穿插珍珠和亮钻，再用水钻贴满手拿包。

2. 用水钻装饰发箍和珍珠耳环。

1 | 2

10

湖绿薄纱礼服

工具和材料

墨笔、油性色铅笔、

缎带线材、珠饰

底图绘制重点

TIPS

1. 上半身使用线材以对折的方式增加厚度和层次感。从腰部开始，分别向上、向下不对称地堆叠，中间穿插黑色线材和珍珠。

2. 纱裙之间用剪短的线材打结进行点缀。

1 | 2

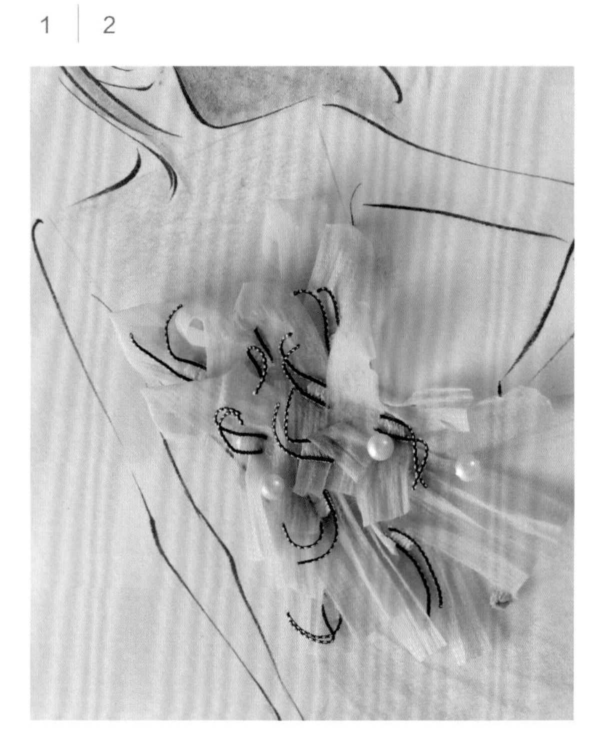

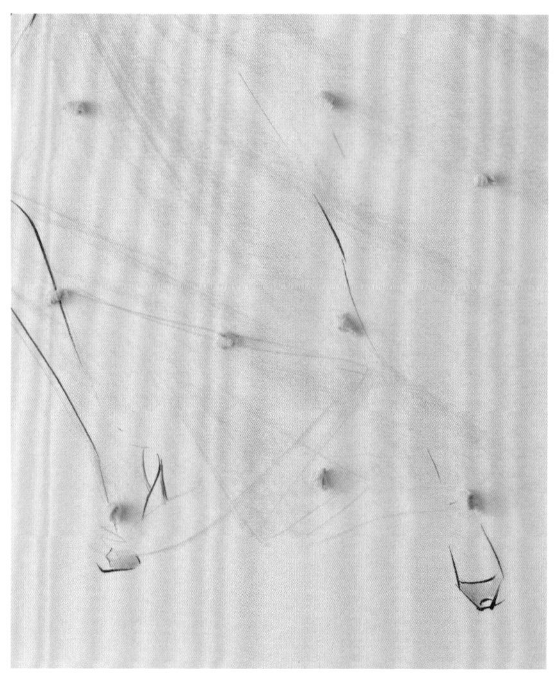

编织流苏礼服

工具和材料

墨笔、油性色铅笔、
缎带线材、珠饰

底图绘制重点

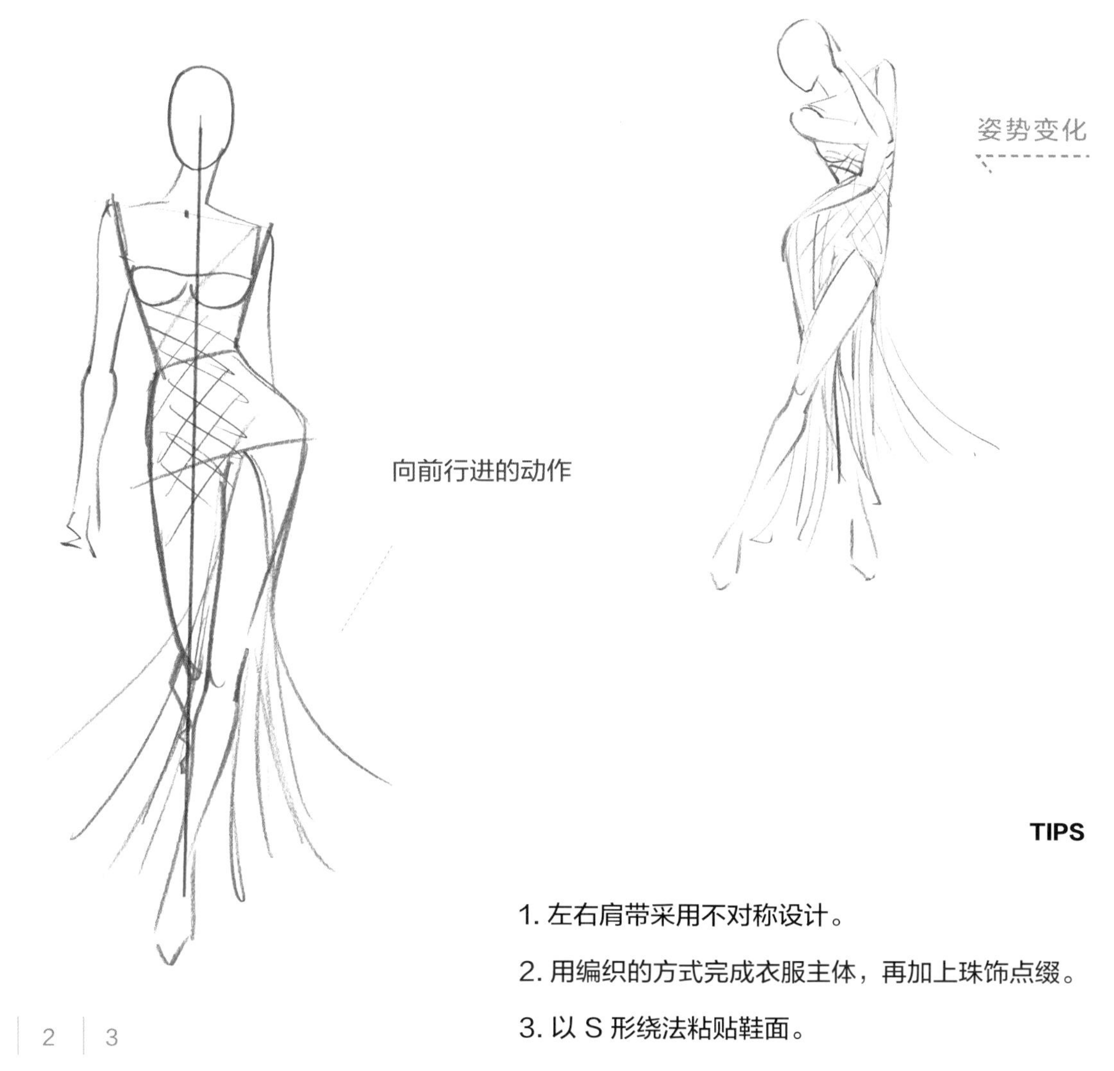

TIPS

1. 左右肩带采用不对称设计。
2. 用编织的方式完成衣服主体，再加上珠饰点缀。
3. 以 S 形绕法粘贴鞋面。

1 | 2 | 3

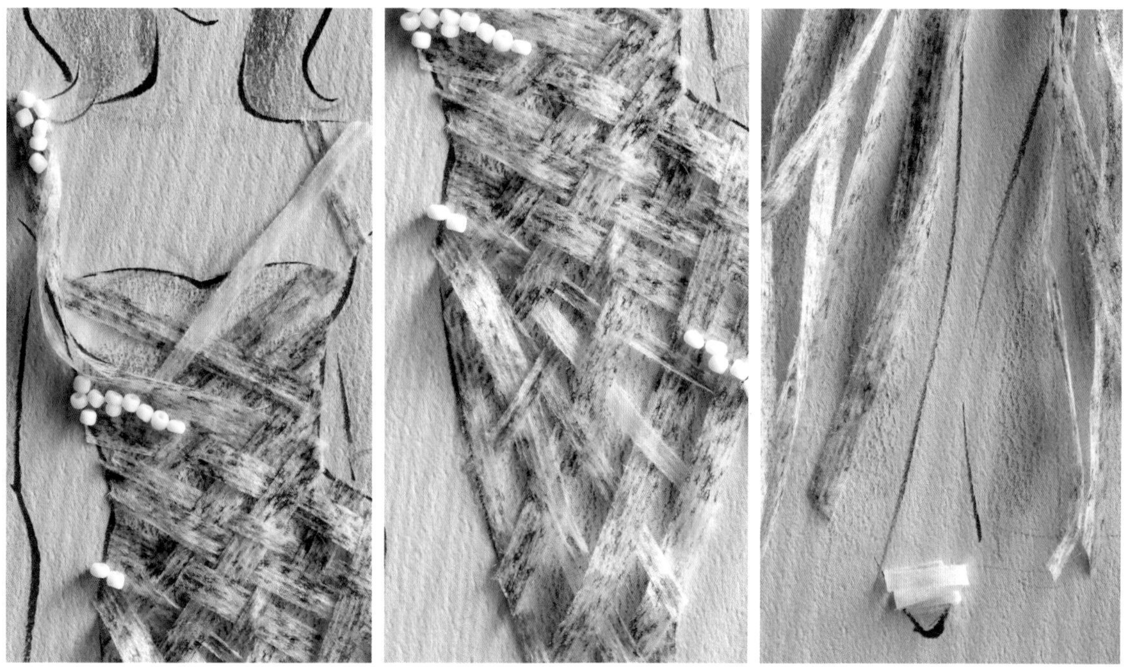

12

多层次小礼服

工具和材料

墨笔、油性色铅笔、

缎带线材

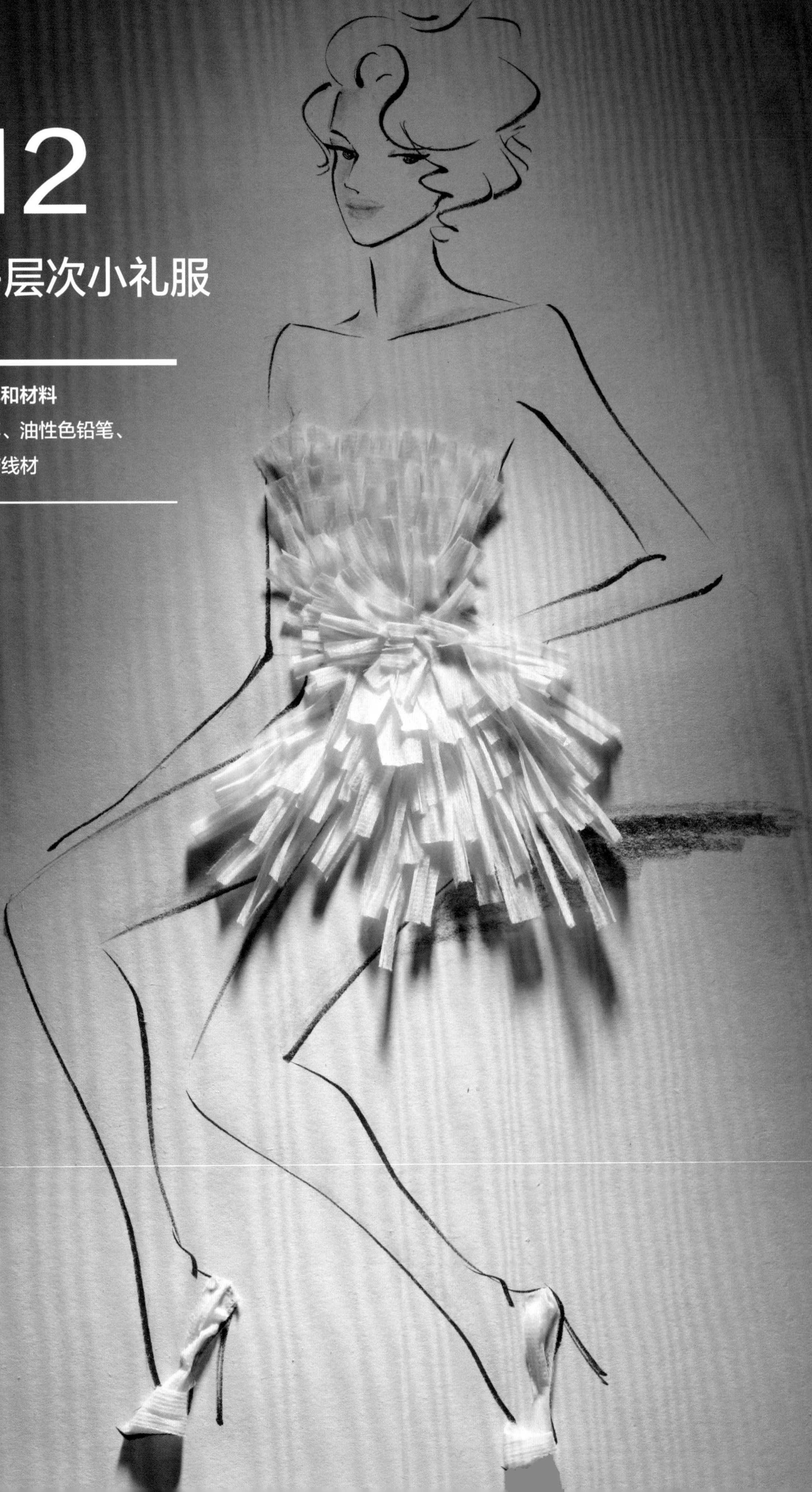

底图绘制重点

TIPS

1. 由上往下粘贴线材，从腰部开始呈现放射状粘贴。

2. 把线材打结后压扁，作为鞋头，剩余部分则当成鞋身。

1 | 2

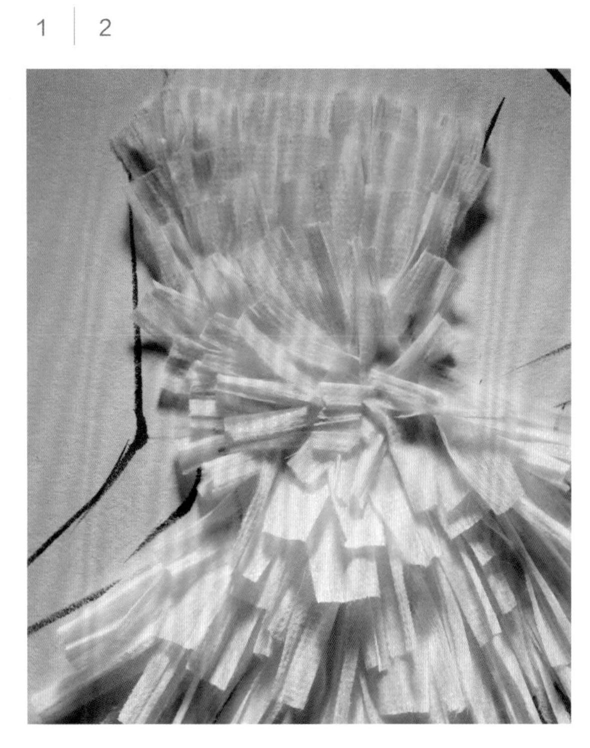

13 多层次大礼服

工具和材料

墨笔、油性色铅笔、
缎带线材

底图绘制重点

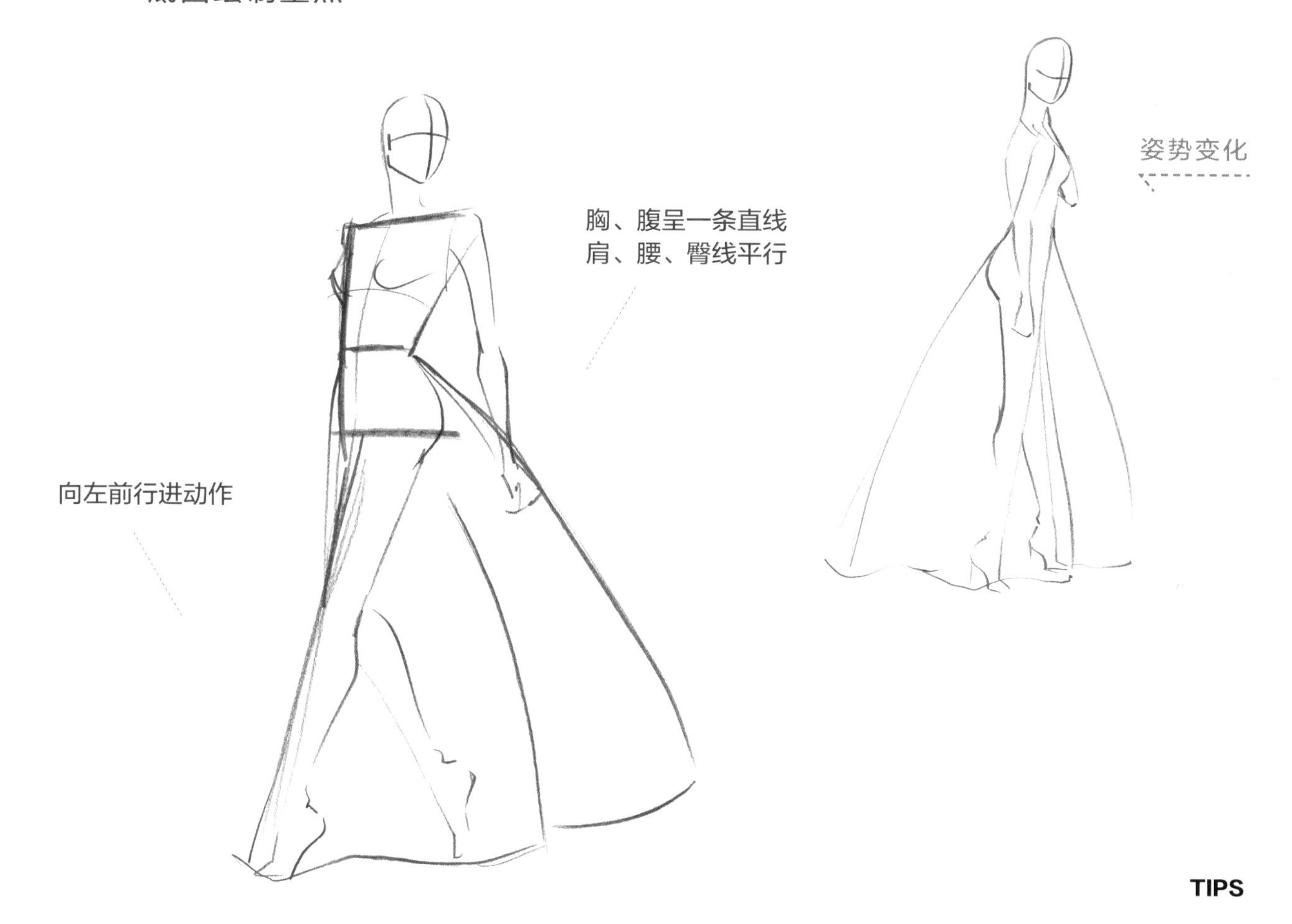

TIPS

1. 搭配不同颜色的相同线材，层次效果明显。

2. 由上往下粘贴。

1 | 2

14

荷叶大礼服

工具和材料

墨笔、油性色铅笔、
线材、亮片、珠饰、钻饰

底图绘制重点

TIPS

1. 用宝蓝色马眼钻作为耳环，大小比例合适。

2. 用线材绕出身上的花形，再用珍珠与马眼钻点缀。

1 | 2

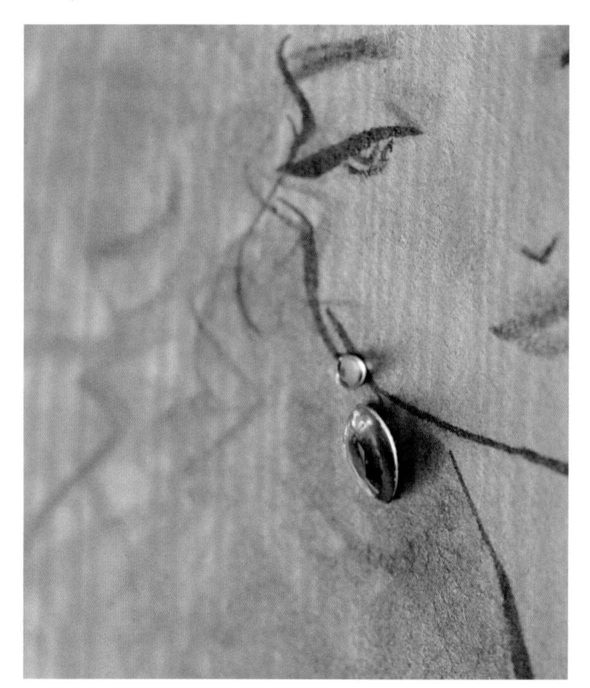

将局部线材剪成条状，增加不同方向的线条层次感。

15

荷叶流苏礼服

工具和材料

墨笔、油性色铅笔、

线材、珠饰

底图绘制重点

侧面，挺胸缩小腹，
站在重心线上

姿势变化

TIPS

1. 利用线材的方向做出立体剪裁的效果。

2. 用珠饰粘贴高跟鞋，前后脚的大小稍有落差，才能表现出立体感与透视感。

1 | 2

上半身的衣褶方向不同。胸部用棉花填充，制作出立体效果。

16

立体裁剪长礼服

工具和材料

墨笔、油性色铅笔、

线材、珠饰

底图绘制重点

45 度角半侧身站姿，
上半身微向后缩

姿势变化

TIPS

1. 用管珠表现鞋子。

2. 用不对称立体剪裁的效果来表现褶皱，用棉花填充胸部，更显立体感。

3. 用两种不同的珠饰粘贴耳环。

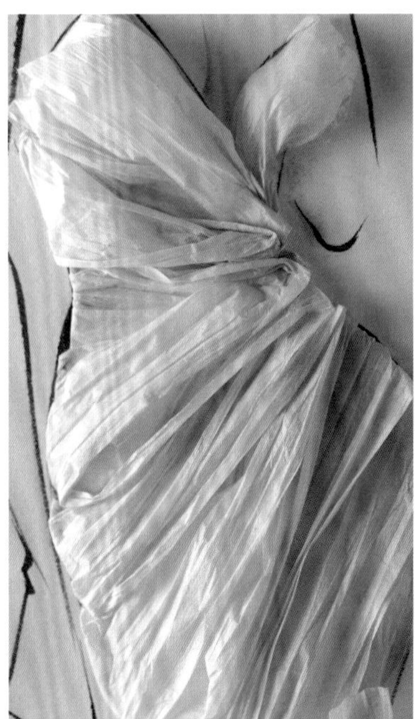

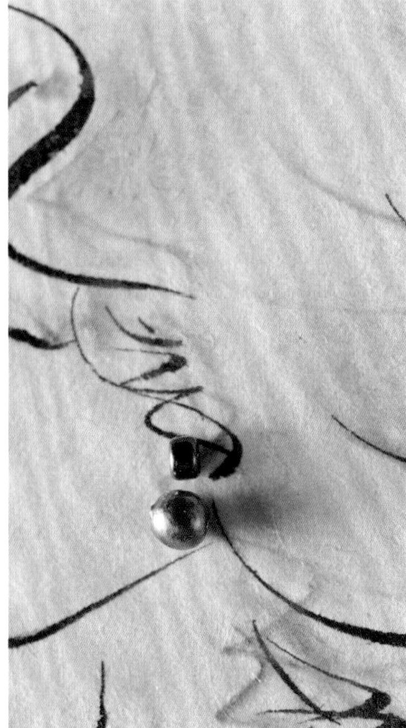

素材变化——缎带线材的应用

步骤 1　沿对角线对折。

步骤 2　用小剪刀剪出半弧形。

步骤 3　展开后，形成叶片形状。

段染线材

用特殊技术染出段染的效果，比一般线材多了丰富的色泽变化，用于服装画时，可以让造型变化更上一层楼。

17

彩色段染小礼服

工具和材料

墨笔、油性色铅笔、
段染线材、亮片

底图绘制重点

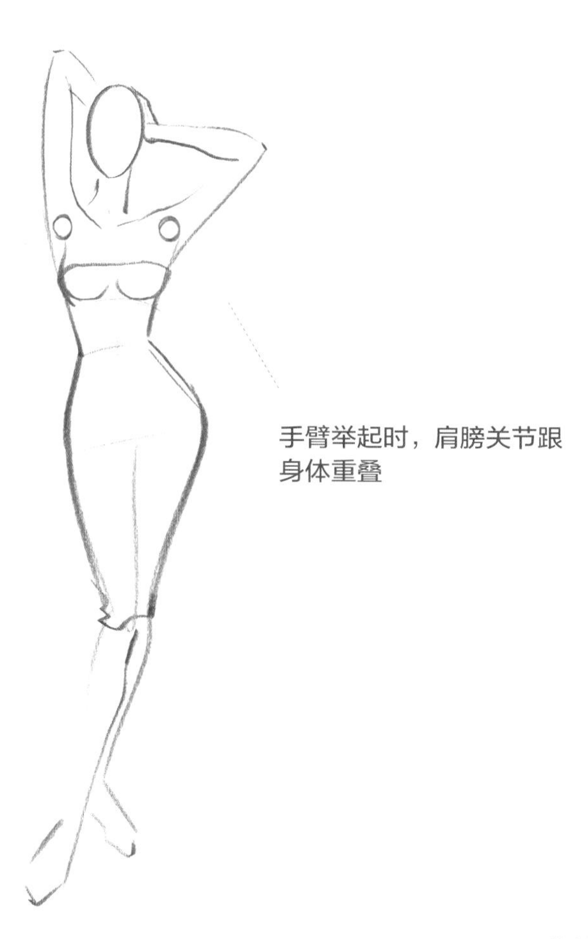

手臂举起时，肩膀关节跟身体重叠

姿势变化

TIPS

1. 用线材打出不对称的大小绳结。
2. 用亮片装饰鞋面。

1 | 2

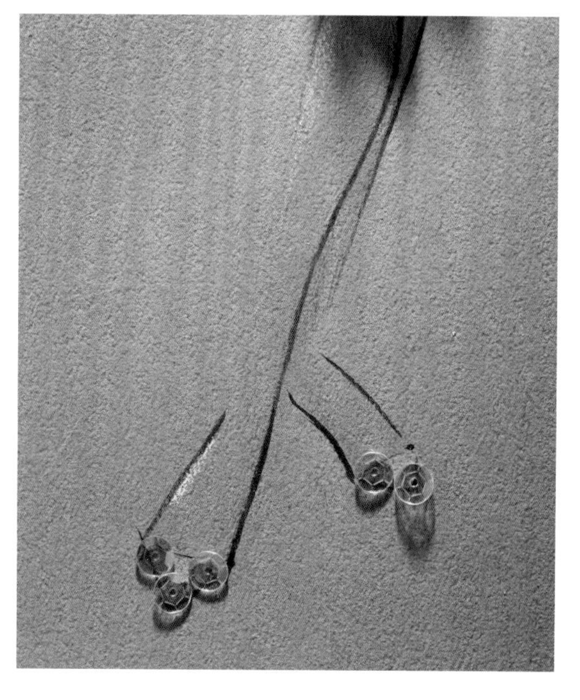

18

段染 A 字礼服

工具和材料

墨笔、油性色铅笔、

段染线材、线纱、珠饰

底图绘制重点

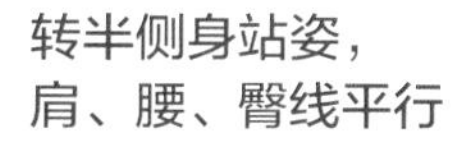

姿势变化

TIPS

1. 局部搭配珠饰、线纱，表现流苏效果。

2. 段染颜色让层次更分明。

1 | 2

19
编织礼服

TIPS

1. 头纱与头花设计。

2. 七彩段染线纱，表现丰富的层次。

3. 脚踝处系上线纱绑的蝴蝶结。

底图绘制重点

肩、腰、臀、膝、脚踝平行

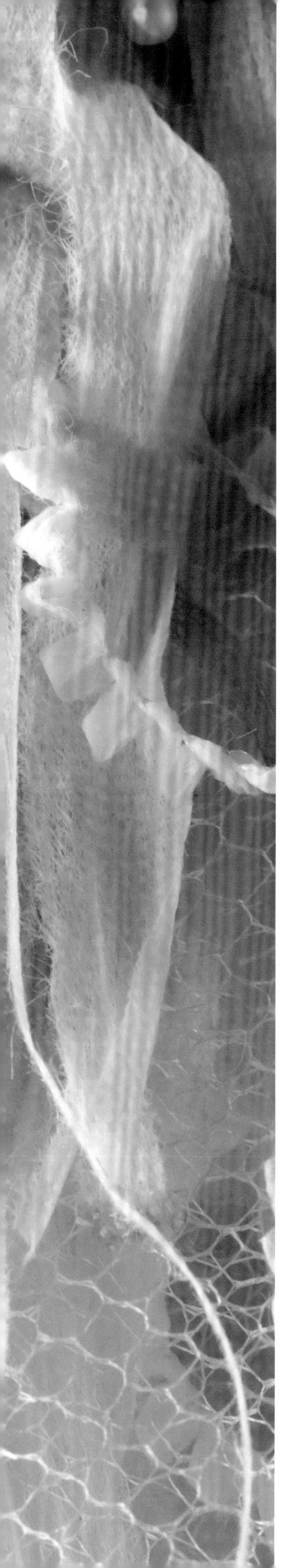

素材变化——线纱编织上衣

先将线纱裁成一段一段的，再编织成一片，

胸部以棉花填充，表现立体感。

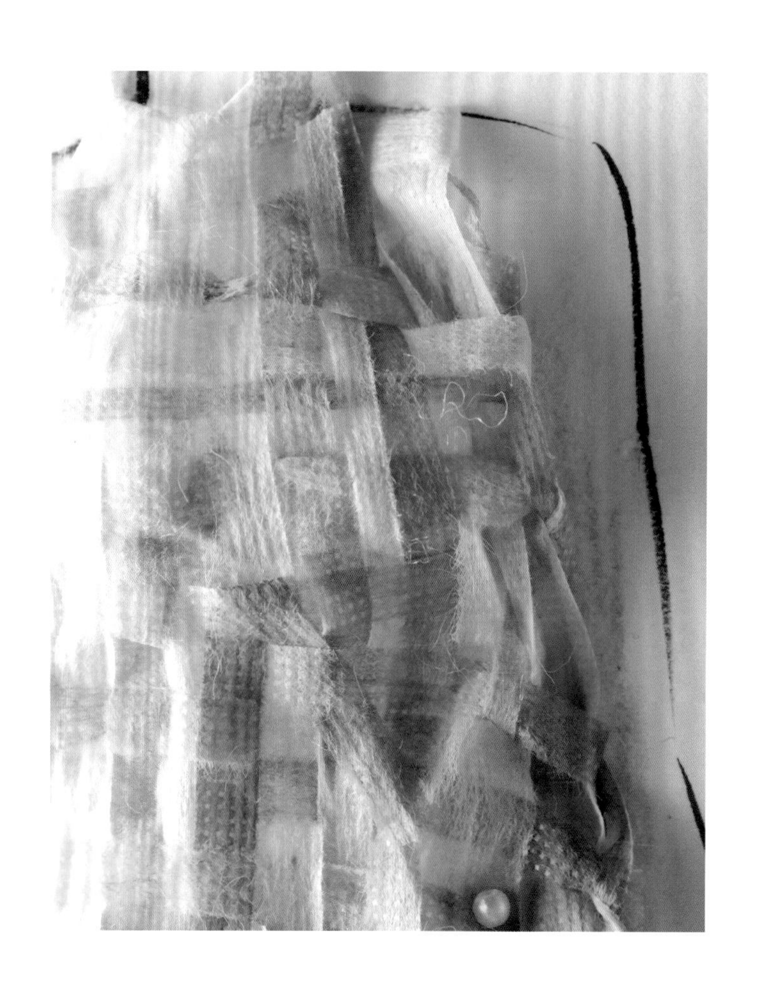

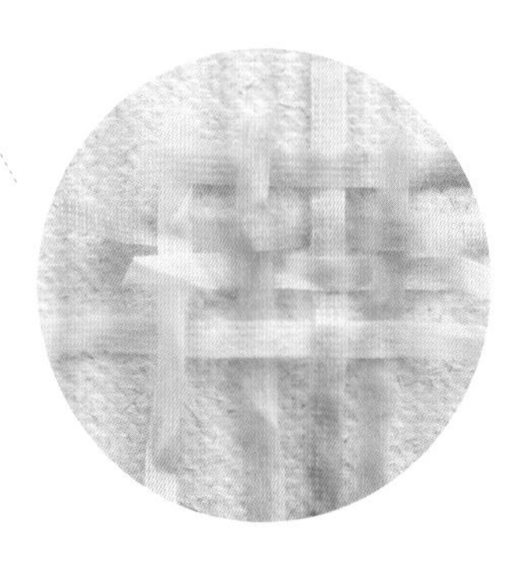

20

立体花裙礼服

工具和材料

墨笔、油性色铅笔、段染线材、珠饰

1
2
3

TIPS

1. 粘贴珠饰耳环。

2. 用棉花填充裙子，表现蓬松的效果。

3. 将三种不同颜色和尺寸的珠饰粘贴成放射状。

底图绘制重点

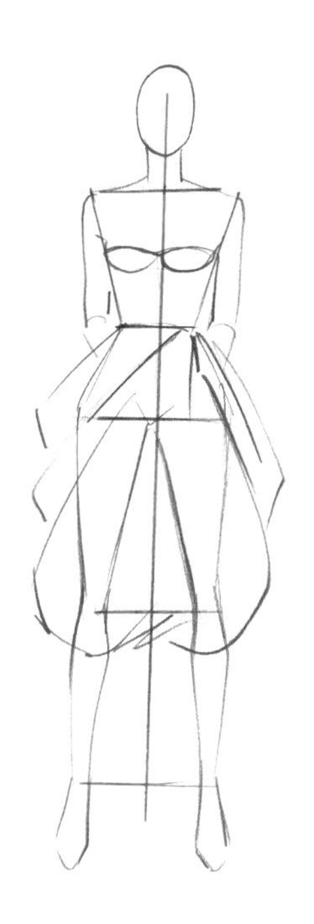

肩、腰、臀、膝、脚踝平行

姿势变化

素材变化——立体花朵

步骤 1　剪一段约 2 厘米长的缎带线材。

步骤 2　上、下剪出流苏状。

步骤 3　从两侧往中间捏紧。

步骤 4　对折后就变成立体的小花。

特殊线材

有些线材将不同材质的线结合在一起，利用特殊织法形成有立体感且变化丰富的特殊线材，即使使用单一款式也能表现出高级定制礼服的精致和优雅。

21 深蓝低胸礼服

工具和材料

墨笔、油性色铅笔、特殊线材、珠饰

底图绘制重点

姿势变化

半侧身角度，上半身微缩

TIPS

1. 先画网纱底布，再逐一加上特殊线材。
2. 在线材间点缀有光泽感的蓝色珠饰。

1 | 2

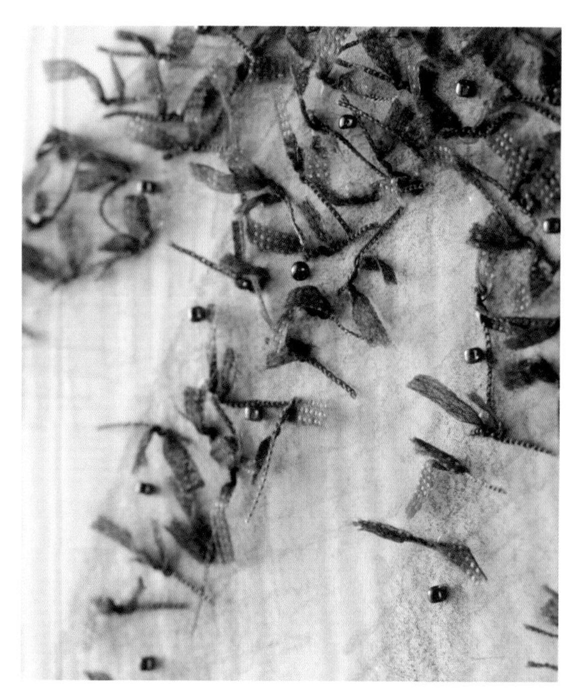

22

蓬裙大礼服

工具和材料

墨笔、色铅笔、特殊线材、珠饰、亮片、水钻

底图绘制重点

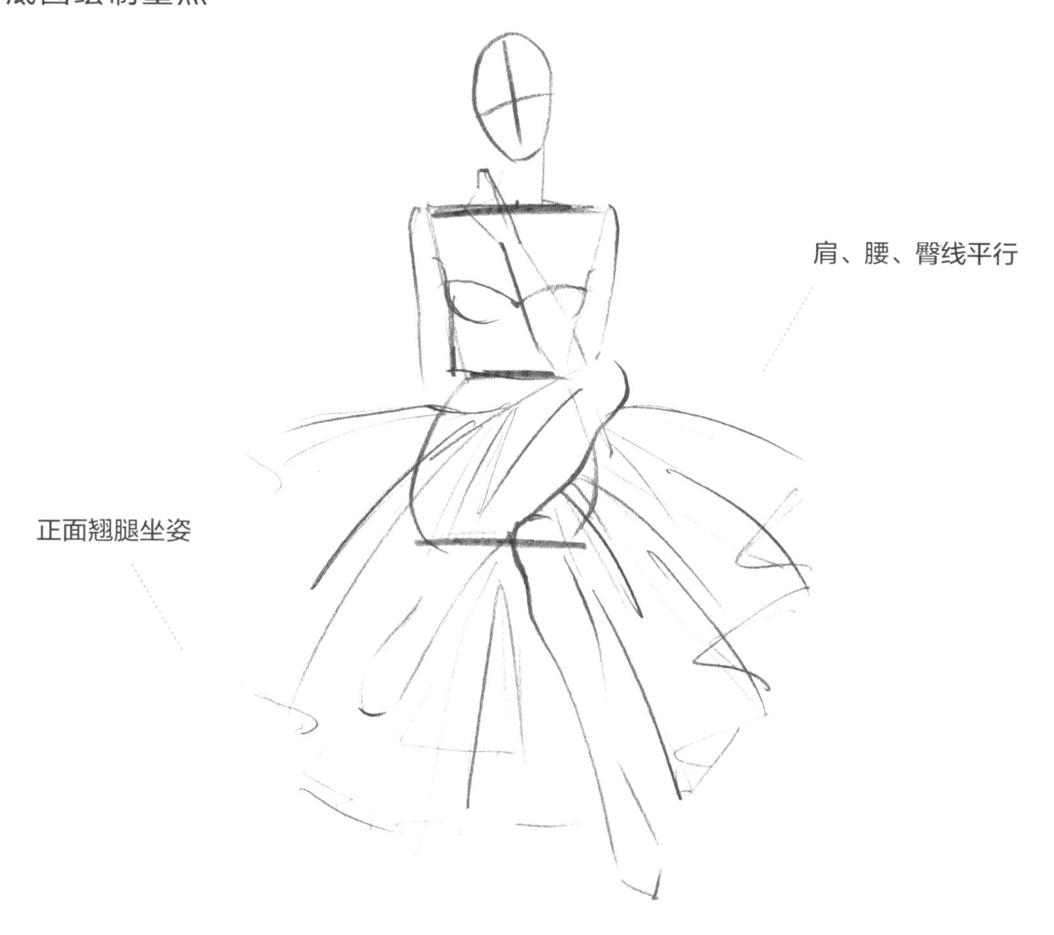

TIPS

1. 用线材绕出小花，再以角钻和珍珠做花芯。

2. 用圆钻加马眼钻做出垂坠耳环的效果。

1 | 2

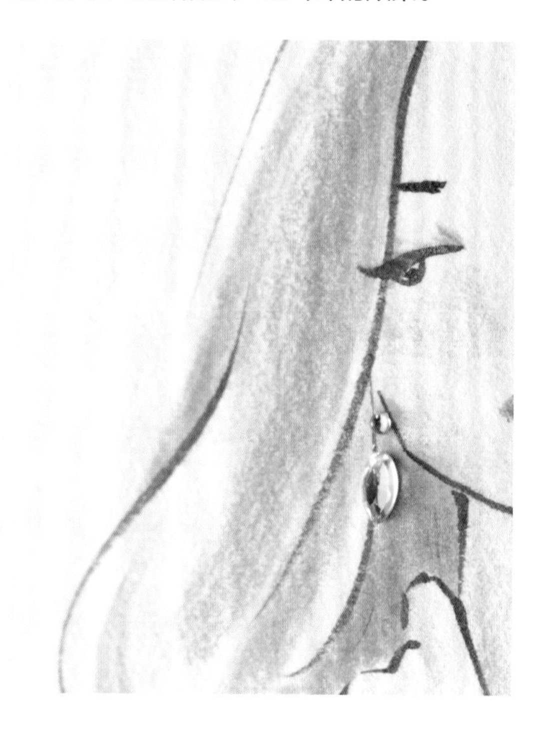

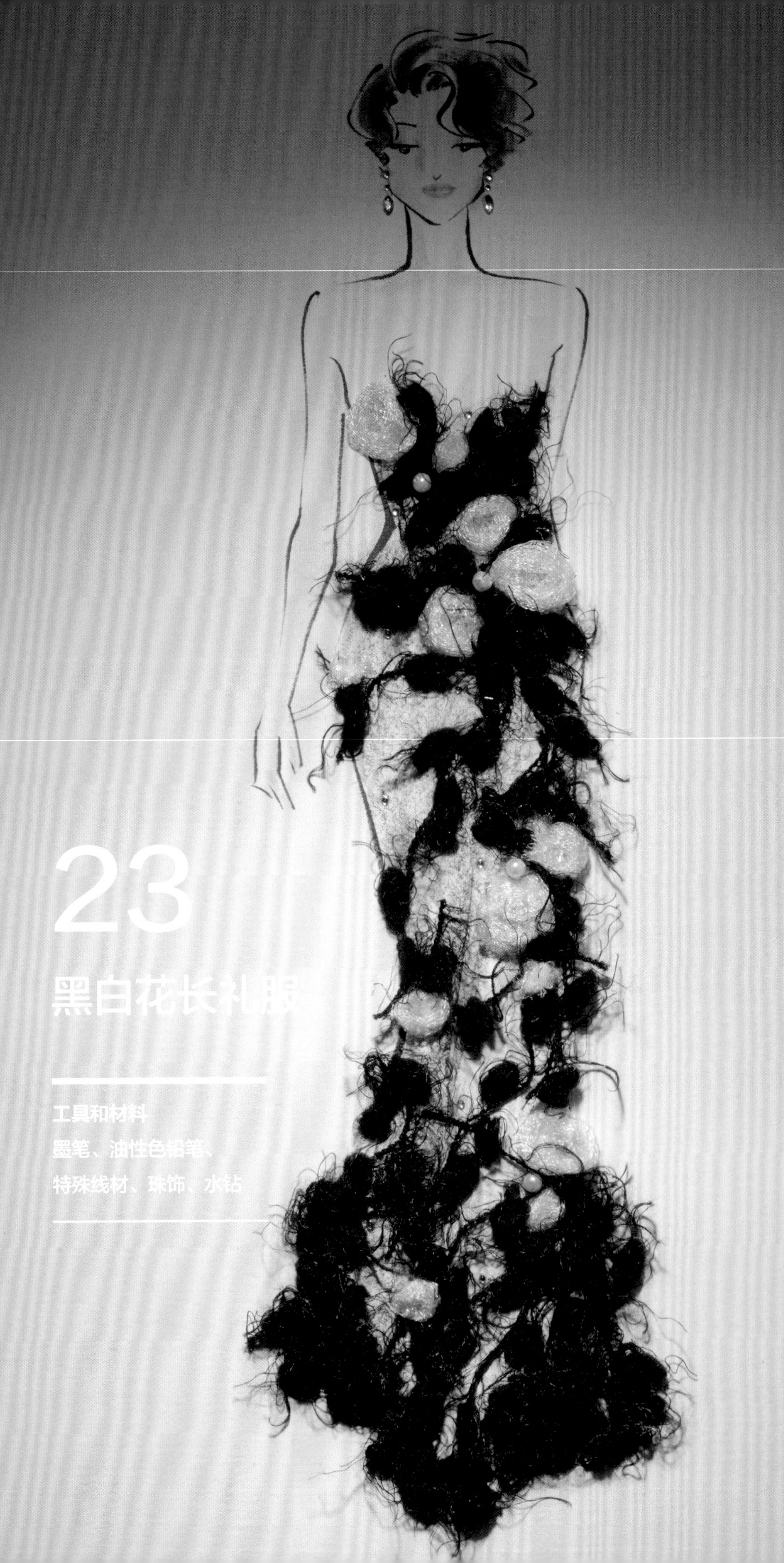

23

黑白花长礼服

工具和材料

蘸笔、油性色铅笔、
特殊线材、珠饰、水钻

底图绘制重点

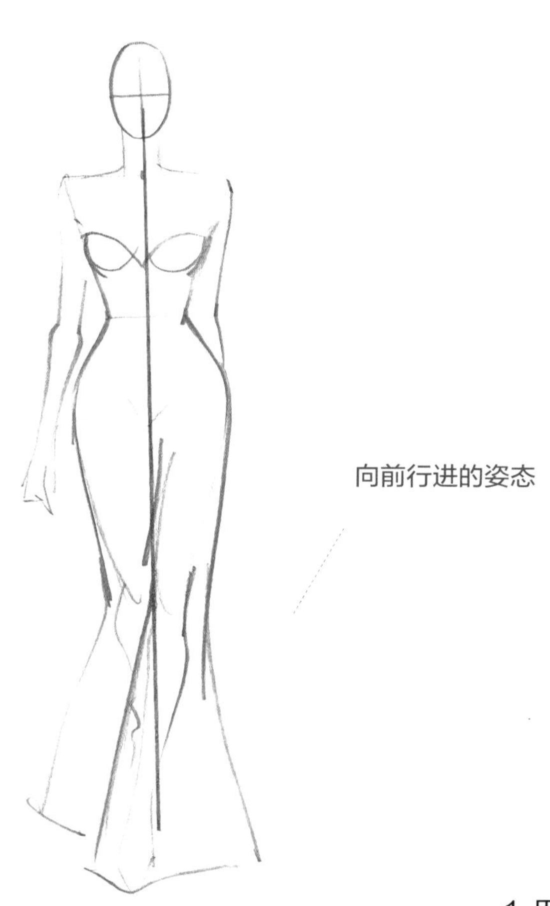

向前行进的姿态

姿势变化

TIPS

1. 用马眼钻粘贴出长耳环。

2. 以黑色线纱当枝叶，加上白线纱绕成的花形，再用少量红色角钻点缀。

1 | 2

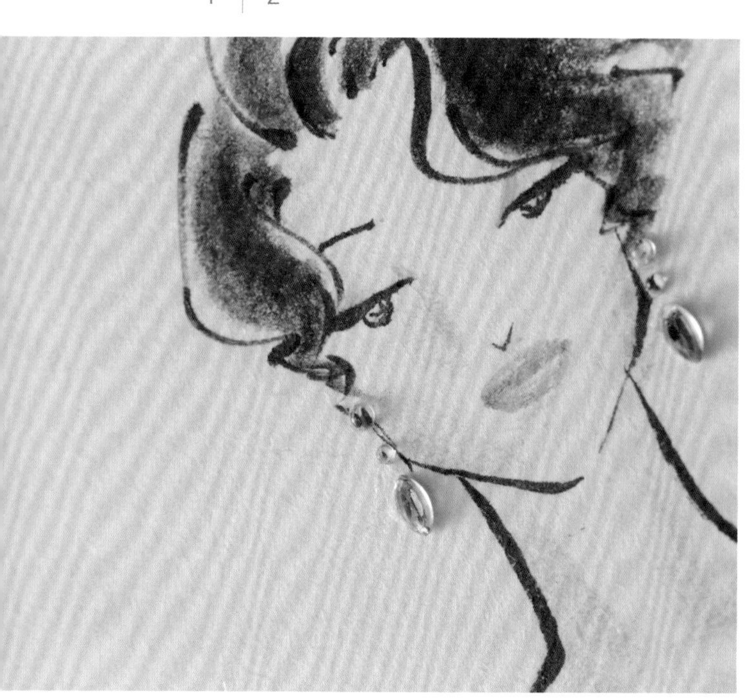

素材变化—— 线纱绕花

步骤 1　先将线纱一端银色部分粘好固定。

步骤 2　再用夹子夹住另一端进行绕圈。

步骤 3　最后固定尾端，完成立体花造型。

24

立体花礼服

工具和材料

墨笔、油性色铅笔、特殊线材、珠饰

底图绘制重点

接近正侧的半侧身角度

腰在重心线右方，大曲度 S 形站姿

姿势变化

TIPS

1. 先绘制好底部纱质衣料的颜色，从腰部开始粘贴放射状线条，再加上线材做成的小花和珍珠。

2. 纱质衣料略透明，因此腿部线条明显。

1 | 2

素材变化——立体多瓣小花

步骤 1　准备正方形的缎带线材，对折。

步骤 2　第二次对折。

步骤 3　第三次对折。

步骤 4　第四次对折。

步骤 5　剪出花瓣弧形。

步骤 6　展开完成立体的多瓣小花。

25

皮草披肩流苏礼服

工具和材料

墨笔、油性色铅笔、

亚克力颜料、特殊线材、毛

TIPS

1. 由上往下逐一排列粘贴线材。

2. 顺着披肩方向粘贴毛。

底图绘制重点

上半身线向内倾斜，
表示微拱背、不挺胸

45 度角半侧身站姿

羽毛

羽毛有多种颜色和材质可选择，不仅能让礼服显得华丽贵气，也可营造作品的磅礴气势。

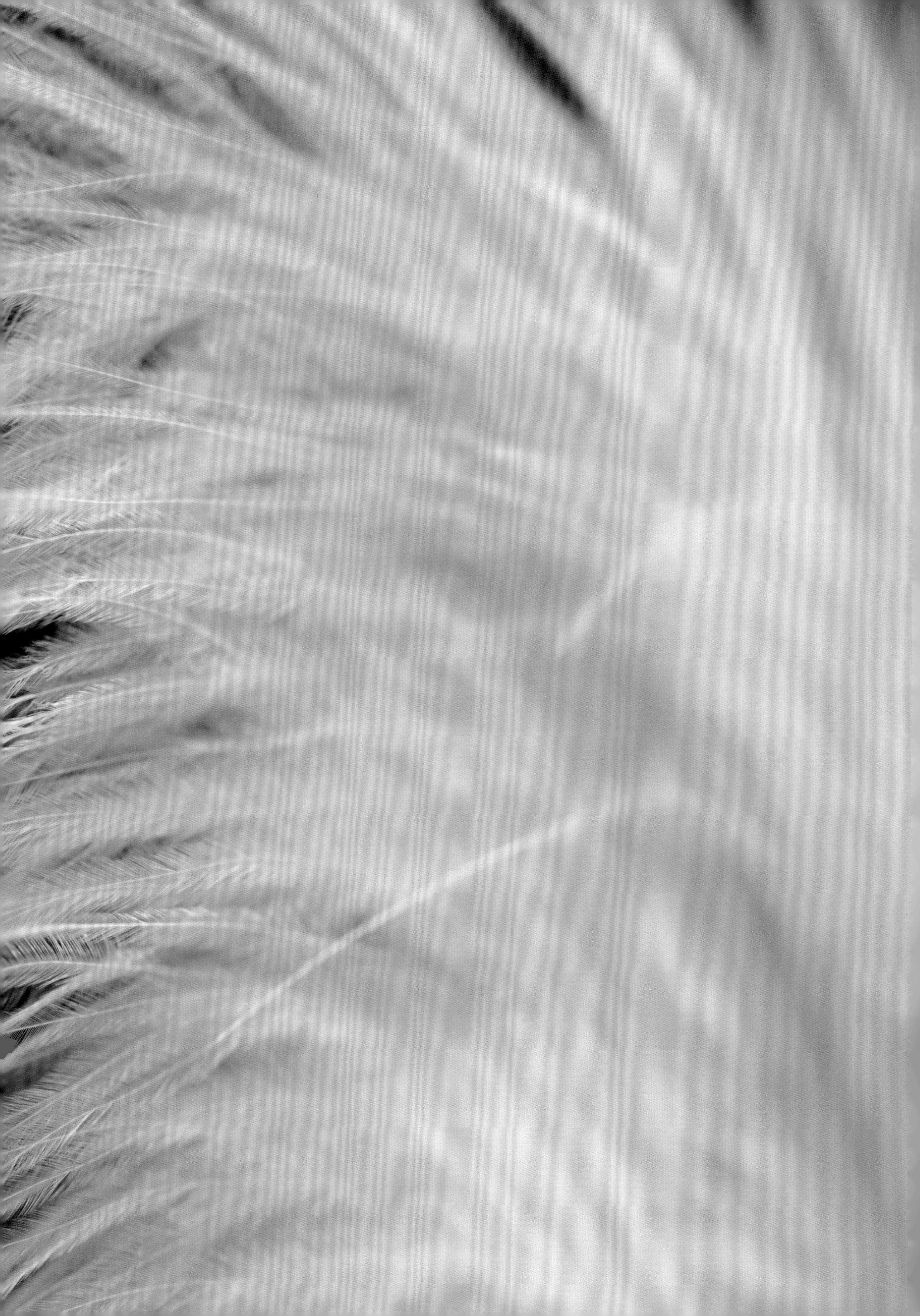

26 黑羽毛礼服

工具和材料

墨笔、油性色铅笔、羽毛

底图绘制重点

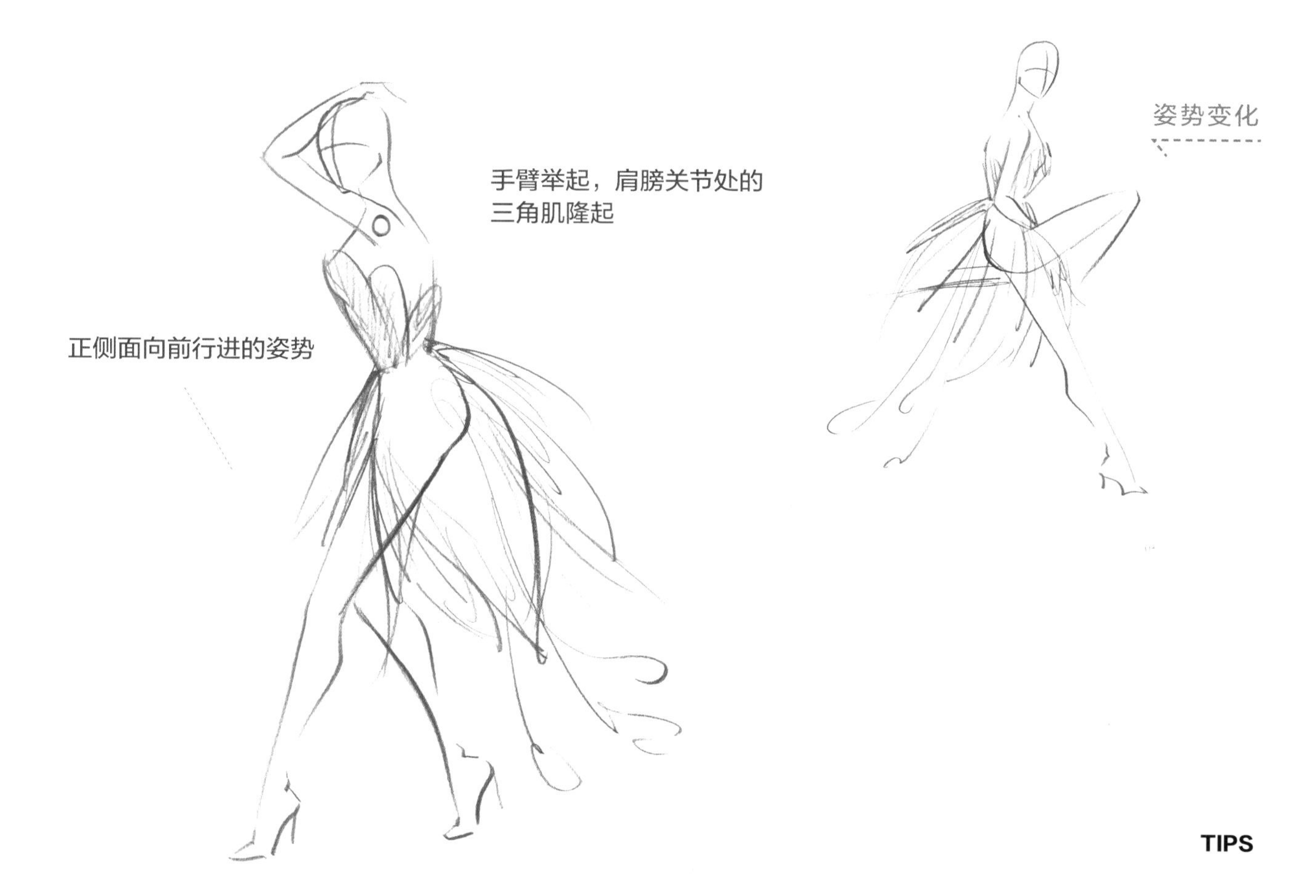

TIPS

1. 上半身羽毛交错，呈现放射状。

2. 向前行进间，侧边羽毛向后飘，露出腿部。

1 | 2

搭配独立长梗羽毛与黑色珍珠鞋。

27

白羽毛大礼服

工具和材料

墨笔、油性色铅笔、
羽毛、线材、珠饰

底图绘制重点

肩膀自然垂下

正侧坐姿，双腿交叉

TIPS

1. 利用线材的织纹交错排列，再以珠饰点缀。
2. 上半身和羽毛间用线材表现出流苏效果来衔接。
3. 线材与珠饰搭配而成的花珠鞋。

28

羽毛鱼尾礼服

工具和材料

墨笔、油性色铅笔、

羽毛、线材、亮片、珠饰

底图绘制重点

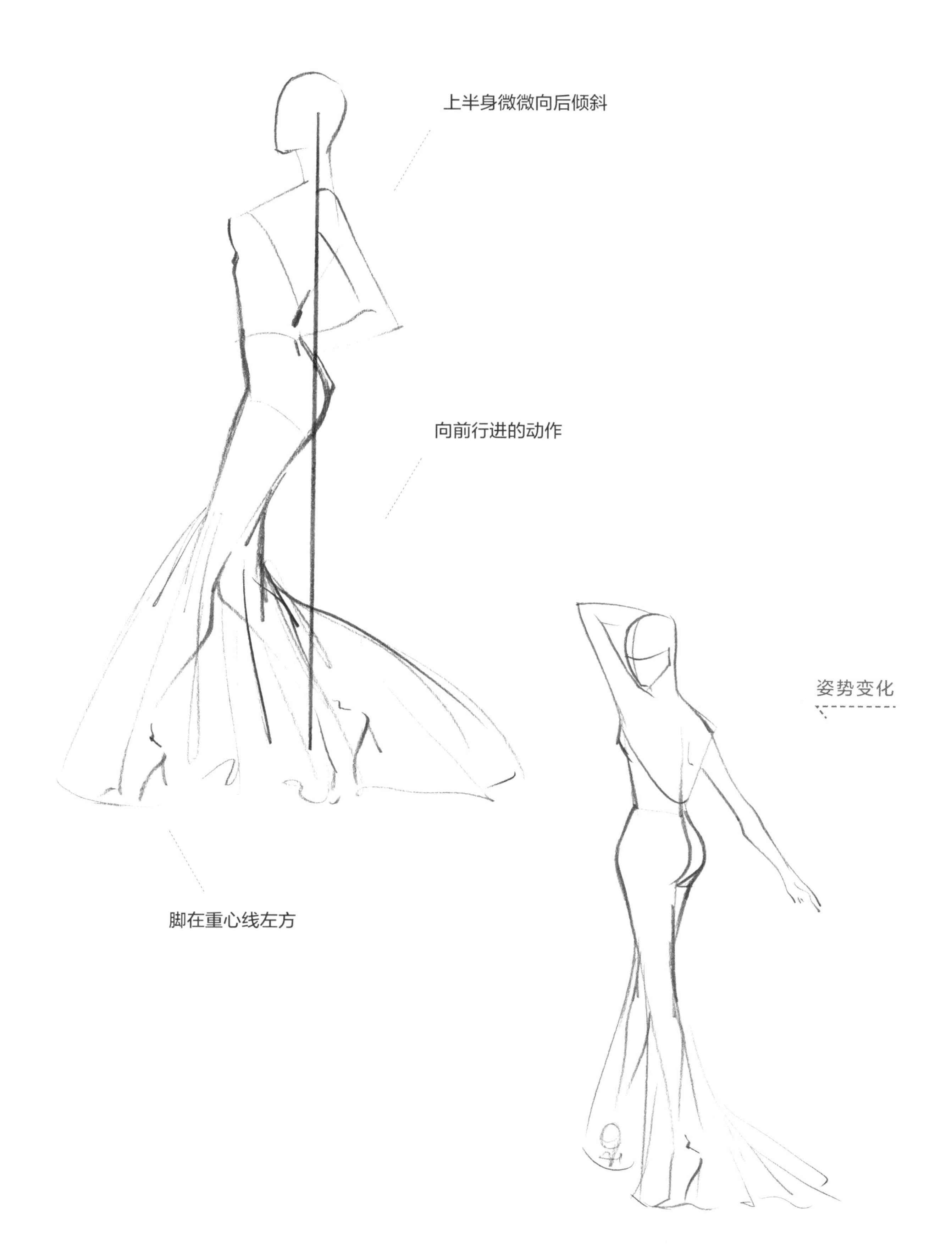

1
2

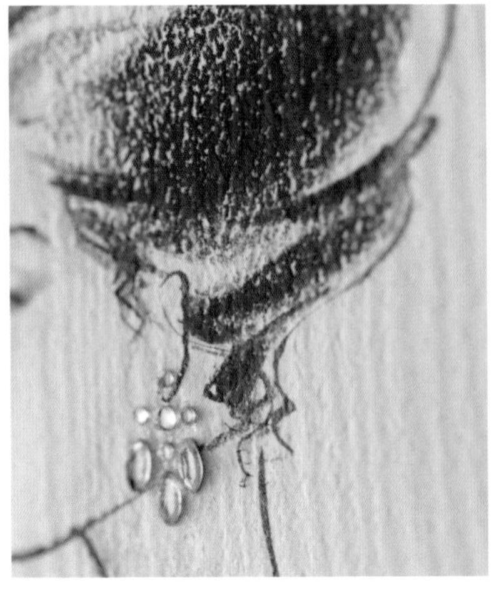

TIPS

1. 礼服上半身以粉色亮片为主，穿插少量特殊线材和珠饰。

2. 搭配华丽的马眼钻耳环。

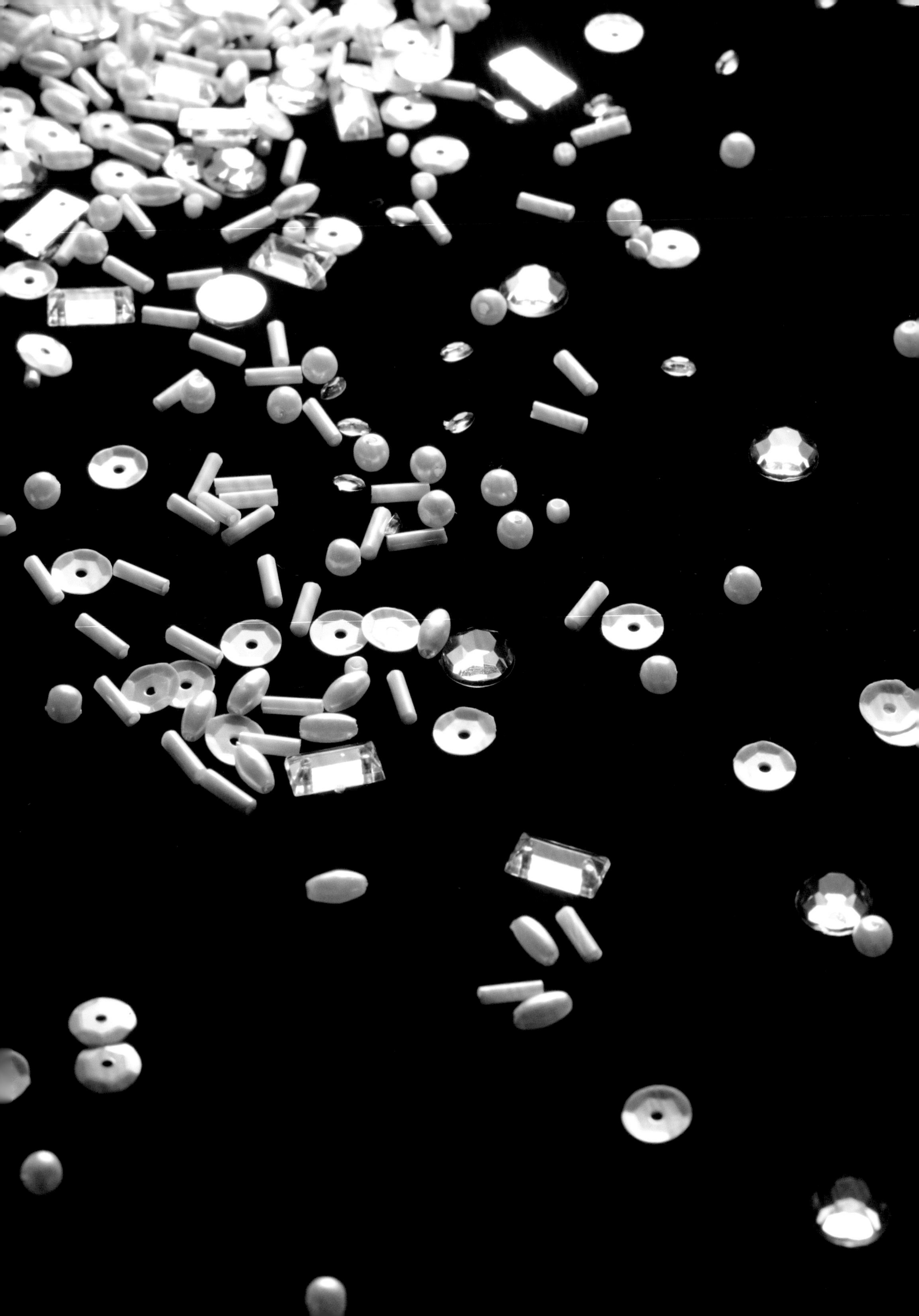

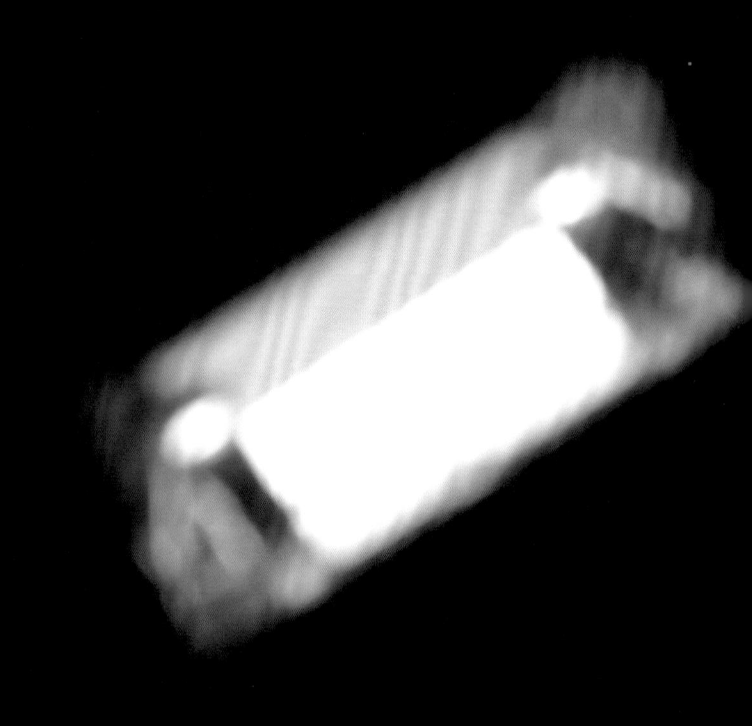

亮片珠饰

不论是礼服设计还是礼服画，亮片和珠饰都是不可或缺的元素。

29

金饰彩珠礼服

工具和材料

墨笔、油性色铅笔、珠饰、金粉

底图绘制重点

TIPS

先用金粉画好枝节，再粘贴彩色珠饰。

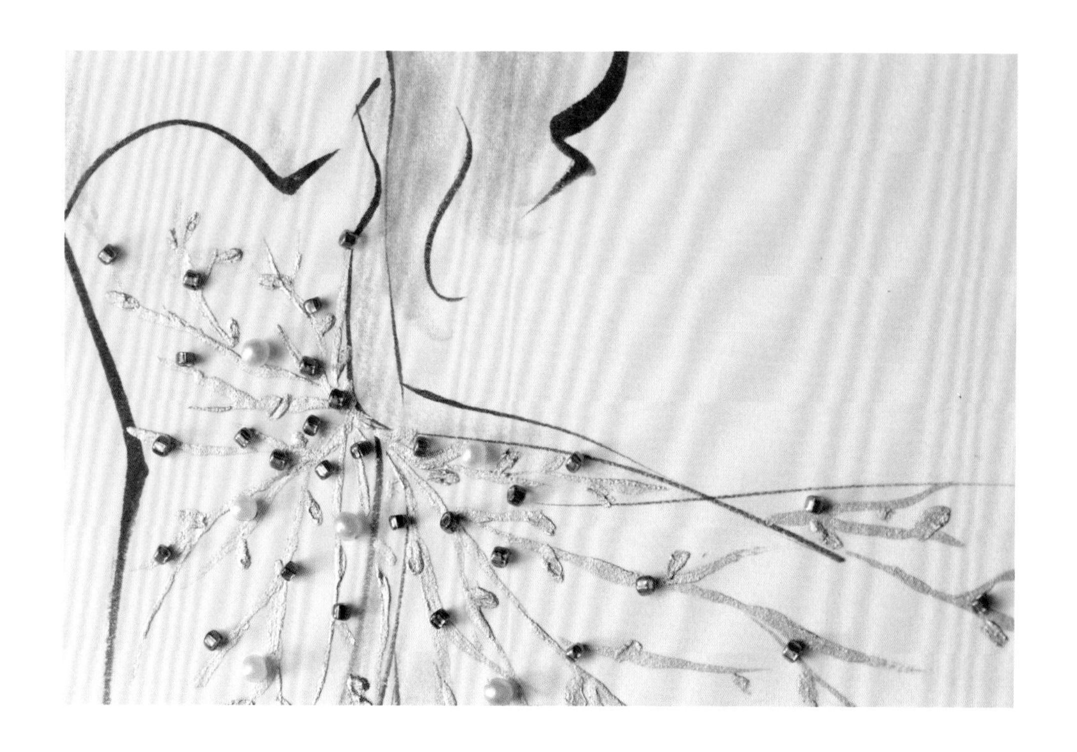

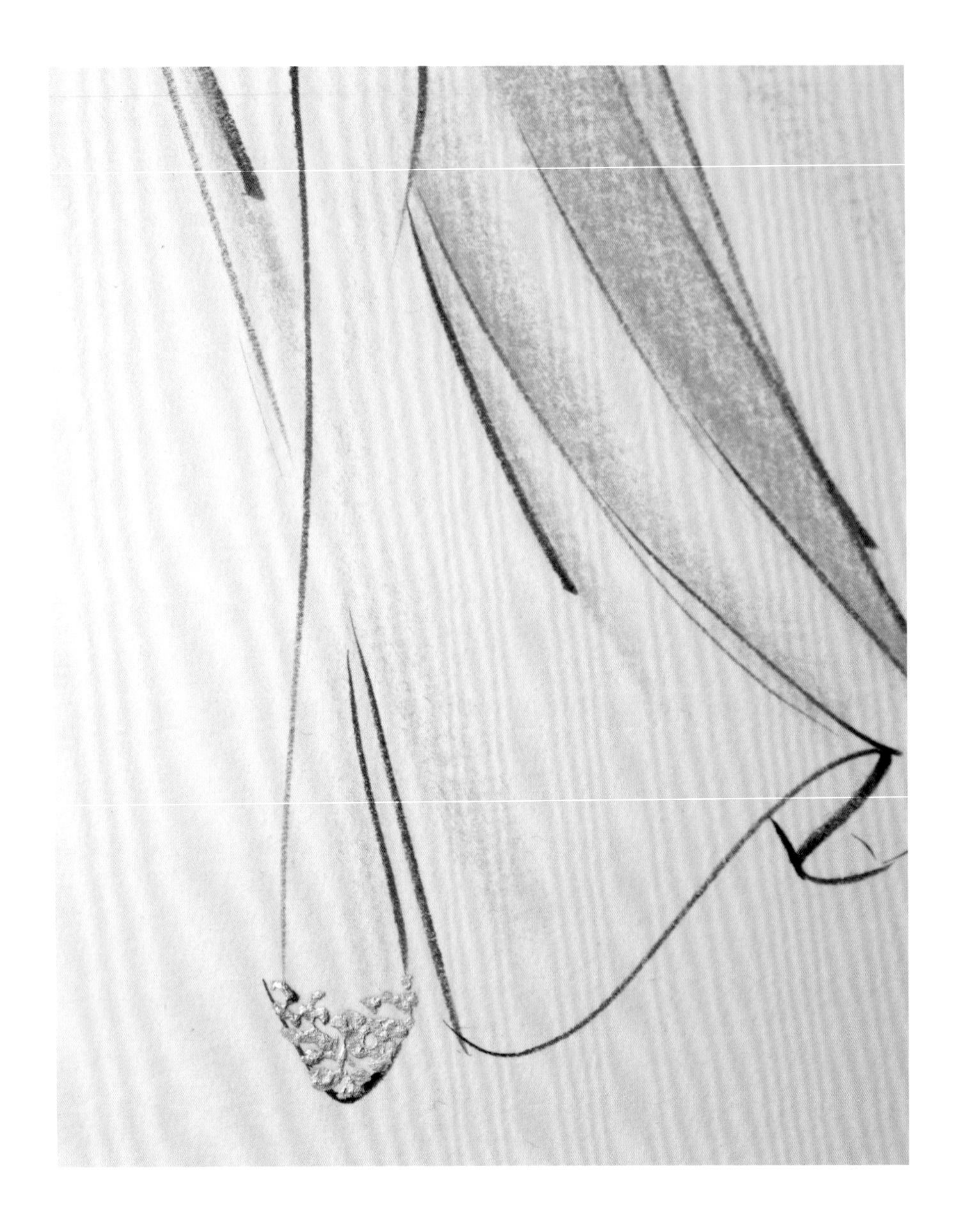

1
—
2

TIPS

1. 用金粉画出镂空金缕鞋。

2. 粘贴珠饰耳环。

30 露背蓬裙礼服

工具和材料

墨笔、油性色铅笔、亮片、线材、珠饰

底图绘制重点

背侧角度，腰部挺直，因此上半身呈一条直线

姿势变化

TIPS

1 | 2

1. 上半身背部贴满五彩亮片。

2. 在裙身上不规则地点缀亮片，并将线材绕成花形，在花的中间贴上小珍珠。

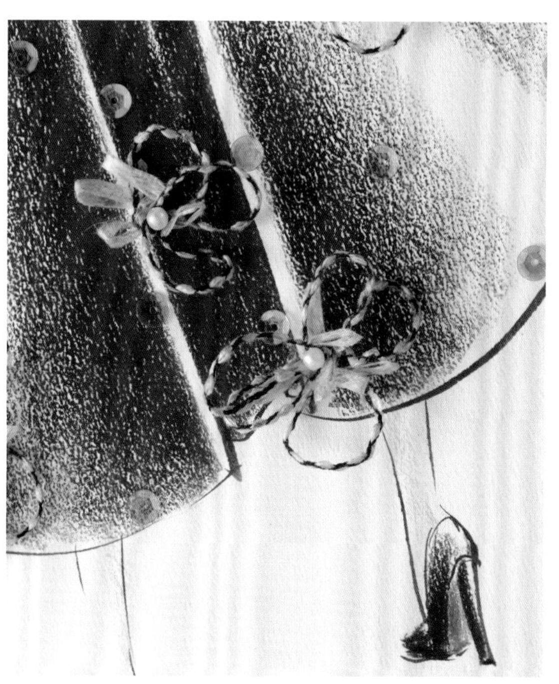

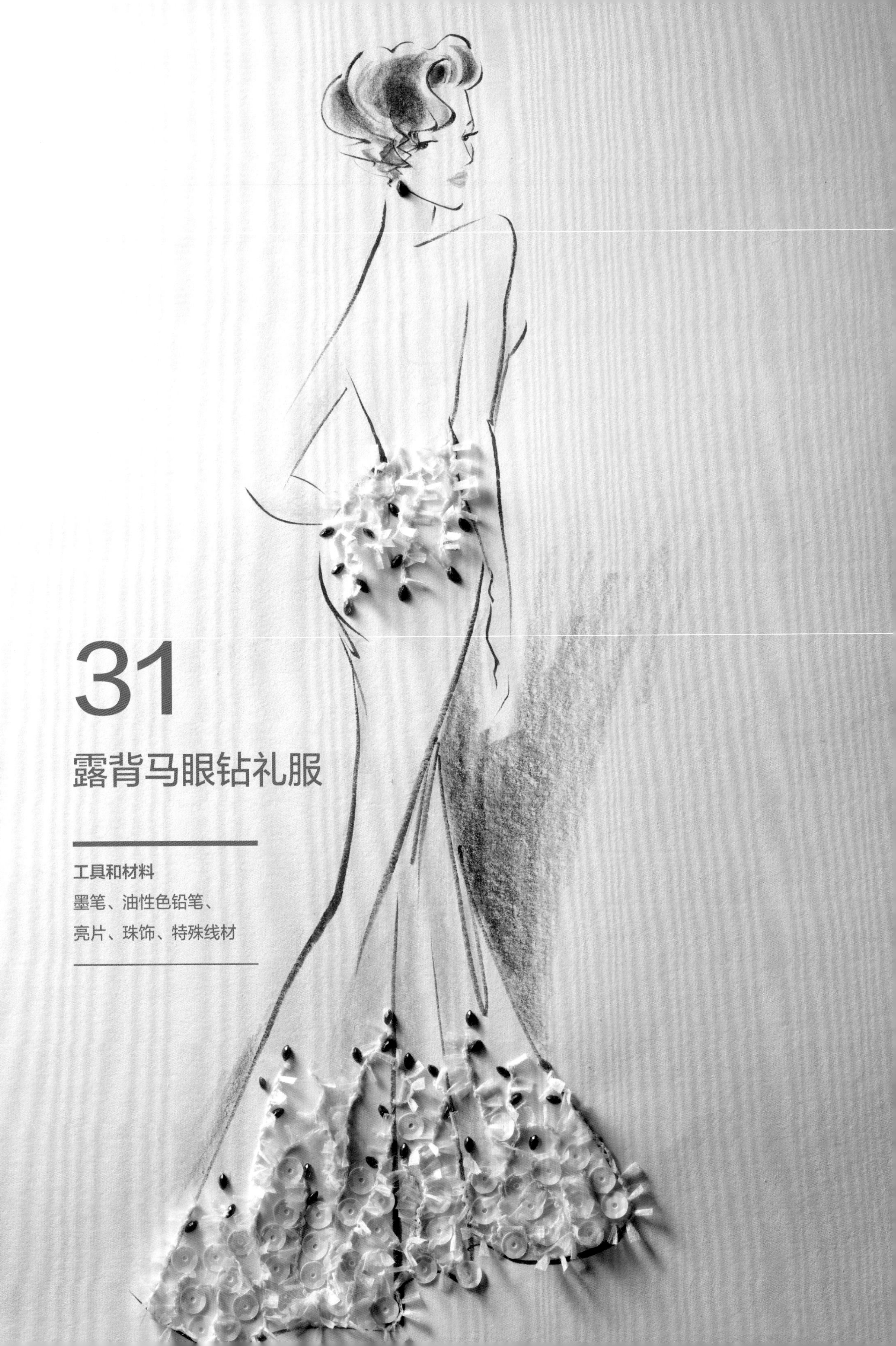

31

露背马眼钻礼服

工具和材料

墨笔、油性色铅笔、
亮片、珠饰、特殊线材

底图绘制重点

手肘向后，所以肩胛骨线条明显

上身、腹部、腿呈弧线

姿势变化

TIPS

1. 先粘贴特殊线材成树枝状，再点缀马眼钻。
2. 在下摆处添加五彩亮片，走动时会有闪亮光泽。
3. 搭配与礼服同色的马眼钻耳环。

1 | 2 | 3

32 水蓝黑珠礼服

工具和材料

墨笔、水性色铅笔、
珠饰、水钻

1

2

3

TIPS

1. 侧身胁边袖口低，画出侧乳。

2. 裙身上的珠饰排成树枝状，加上角钻增添华丽感。

3. 用同款珠饰集中排列成手拿珠包。

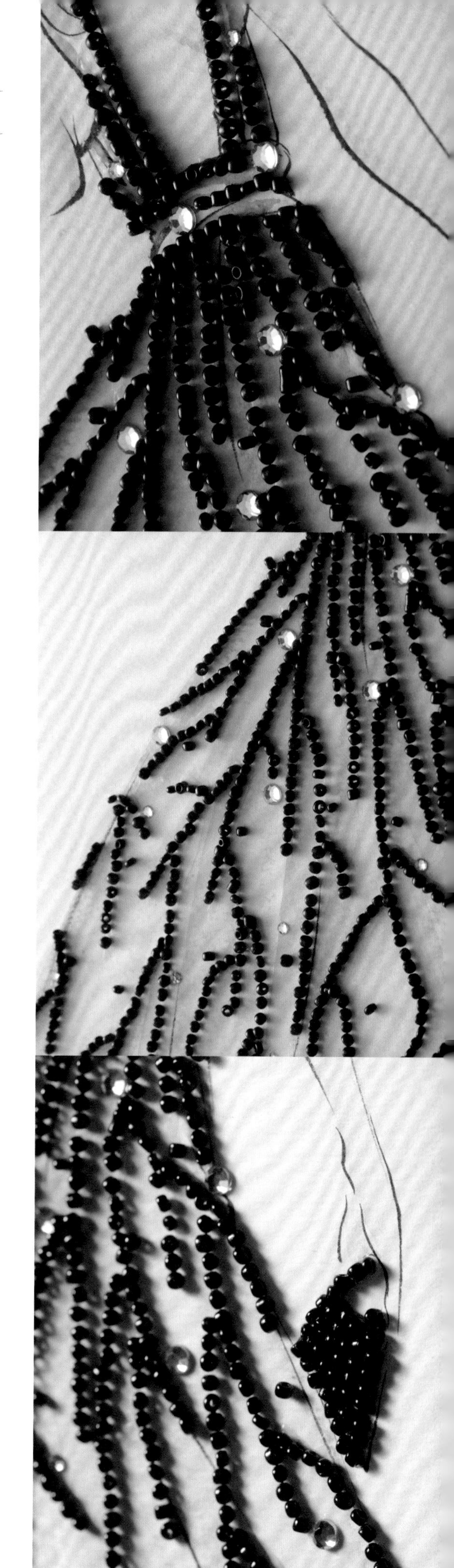

底图绘制重点

脚要站在重心上，身体挺直、屈膝

33

珠饰礼服

工具和材料

墨笔、油性色铅笔、珠饰、线材

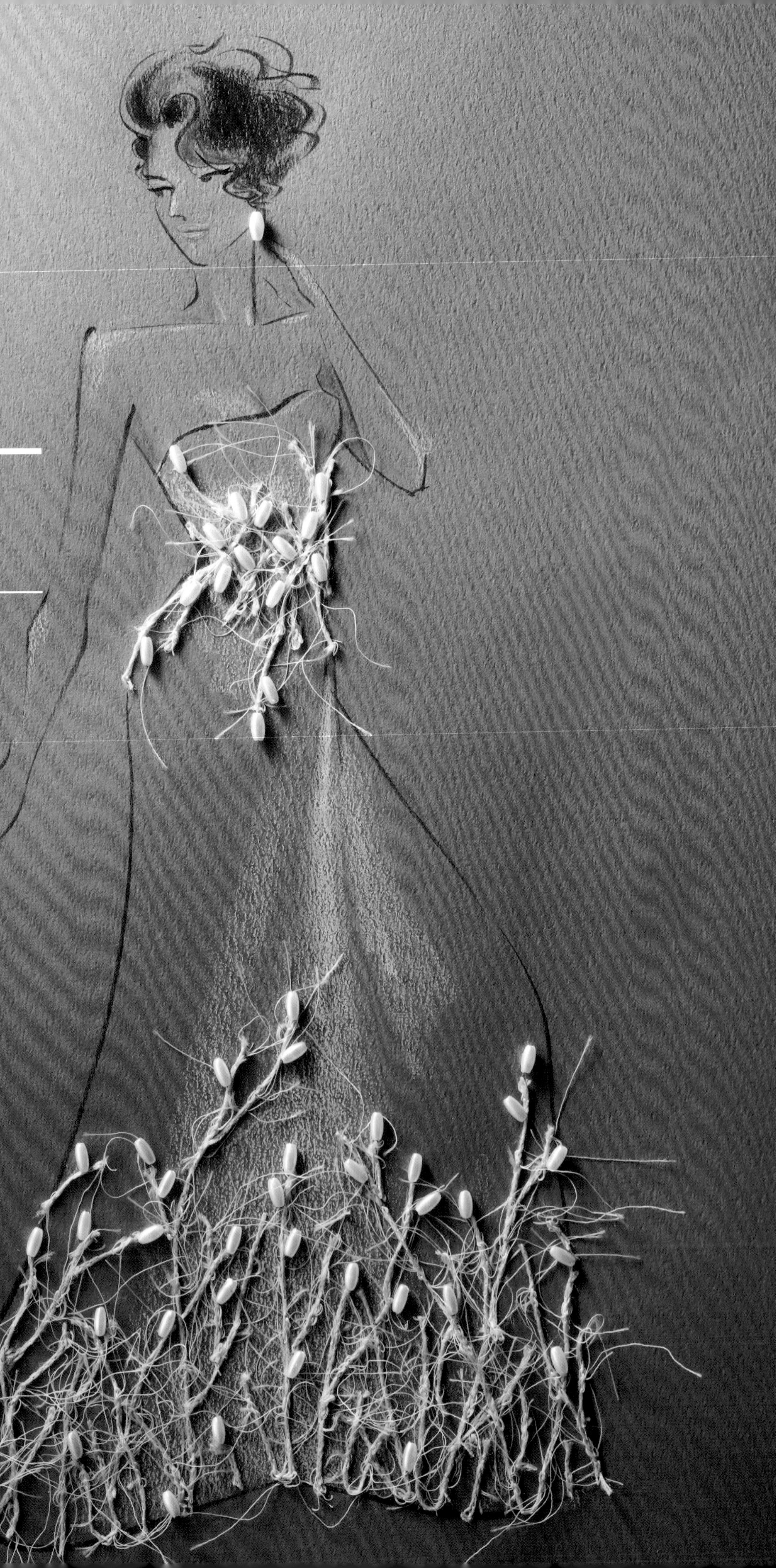

底图绘制重点

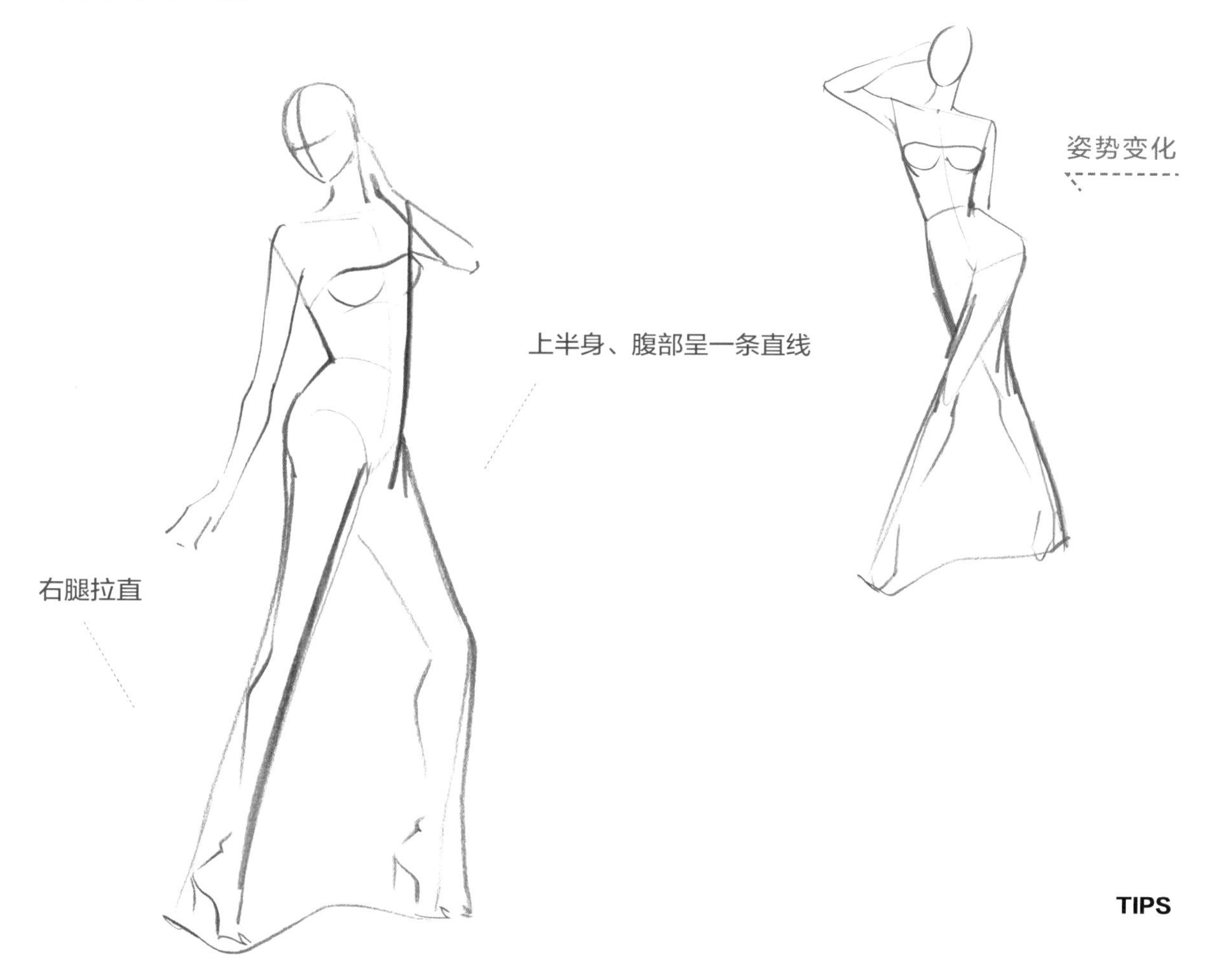

TIPS

1. 先将线材贴成放射状，再加上米珠。

2. 裙摆用线材贴出树枝状，并在枝上点缀珠饰。

1 | 2

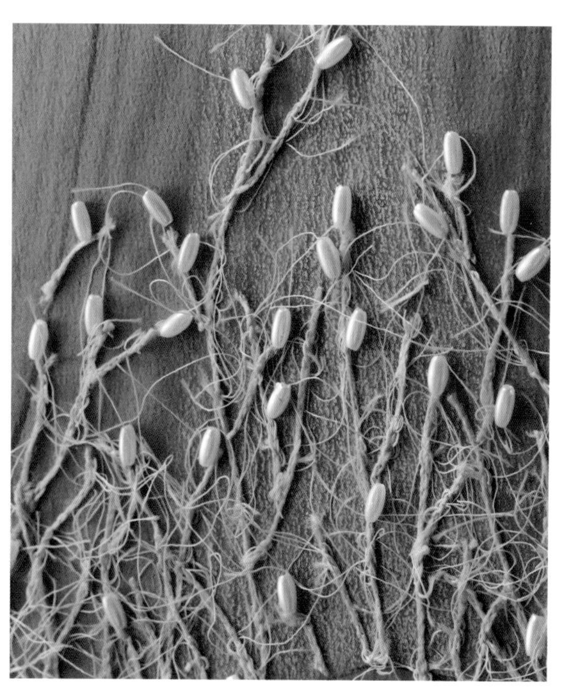

34

彩珠长礼服

工具和材料

墨笔、油性色铅笔、
珠饰、水钻、线材

底图绘制重点

上半身转半侧身，下半身向前行进的动作

上身和下身方向相反

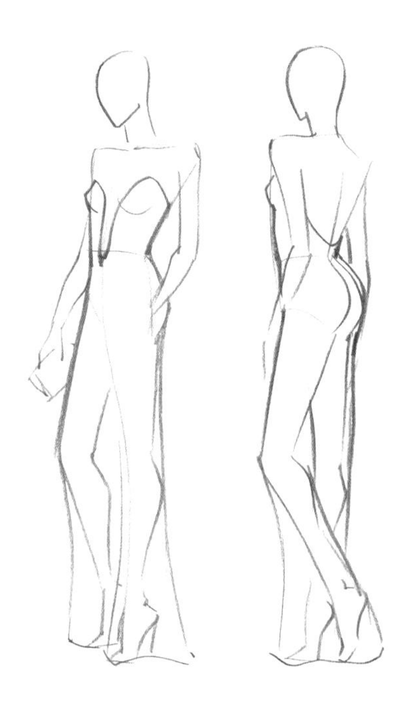

姿势变化

TIPS

1. 上半身转半侧身，胸口处的衣服左右比例不同。

2. 用角珠贴成手拿珠包。

1 | 2

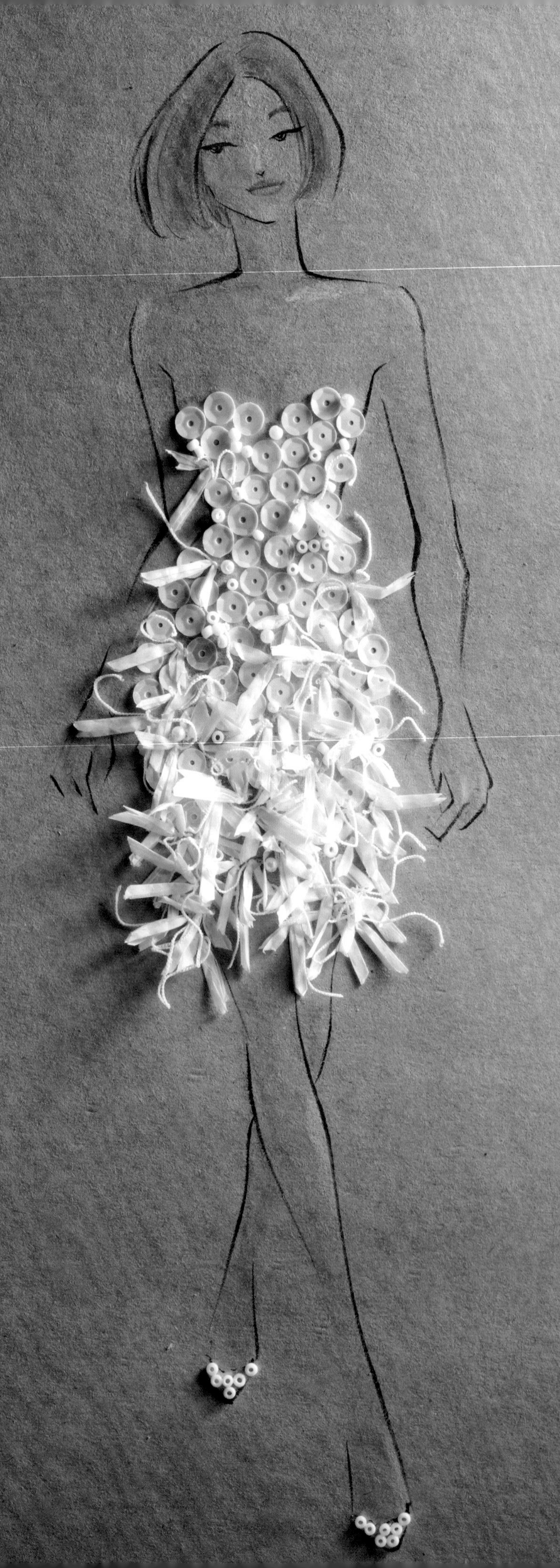

35

五彩亮片礼服

工具和材料

墨笔、油性色铅笔、

亮片、珠饰、线材

底图绘制重点

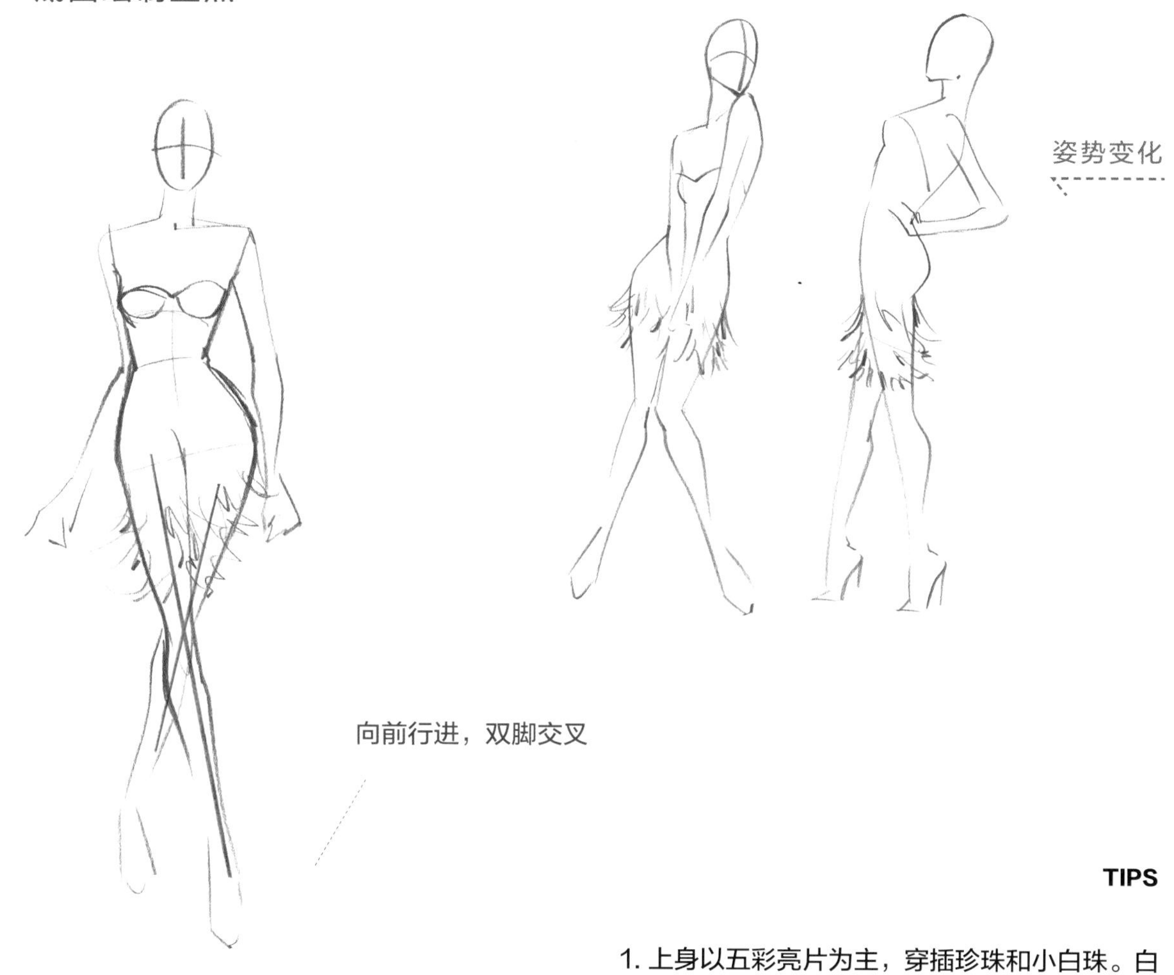

TIPS

1. 上身以五彩亮片为主，穿插珍珠和小白珠。白色线材则是由上而下渐进地增加。

2. 珠饰鞋。

1 | 2

36

亮片 A 字礼服

工具和材料

墨笔、油性色铅笔、
亮片、珠饰、线材

底图绘制重点

姿势变化

脚站在重心上，耸肩

TIPS

用与亮片不同色系的线材剪成立体花，穿插在其中。

1

2

TIPS

1. 在颈部后方贴上用线材打的大蝴蝶结。

2. 珠饰高跟鞋。

37

彩色皮草披肩亮片礼服

工具和材料

墨笔、油性色铅笔、亮片、珠饰、毛线

底图绘制重点

正侧身体角度，腰在重心线 右方，脚在重心线上

姿势变化

TIPS

1. 黑色珠饰鞋。

2. 毛绒线材做出活灵活现的贵宾狗。

1 | 2

从下巴往下，用毛线做出线条流畅的皮草披肩。

38

白纱婚礼礼服

工具和材料

墨笔、油性色铅笔、
珠饰、线材、网纱

底图绘制重点

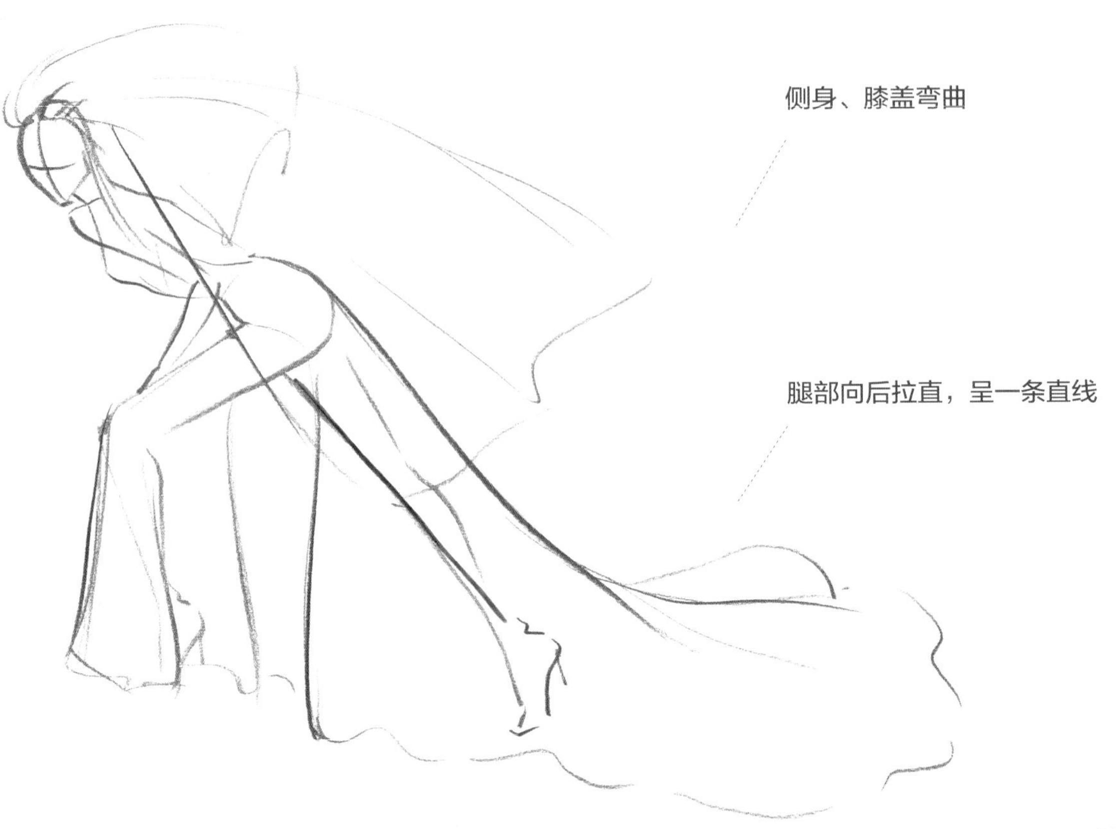

TIPS

1. 用特殊线材制成头花。

2. 从腰部开始，用珠饰排列放射状线条。

1 | 2

礼服的制作过程

从设计构思、画礼服设计稿、选择材质到完成礼服。

感谢 White Atelier 高级定制礼服协助，以精致、精彩的制作完成本书的Haute Couture（高级定制服）。

日本珍珠缎羽毛小礼服

工具和材料

墨笔、油性色铅笔、布料、羽毛

设计思路

微削肩、A 字形，裙摆加上驼鸟羽毛，呈现轻柔又丰厚的质感，和上半身形成对比但协调的视觉效果。

玫瑰金法国纱礼服

工具和材料

墨笔、油性色铅笔、金葱笔

设计思路

礼服的轮廓线条简单，强调细致亮片随着身体起伏带来的闪耀光泽，气质低调，华贵脱俗。

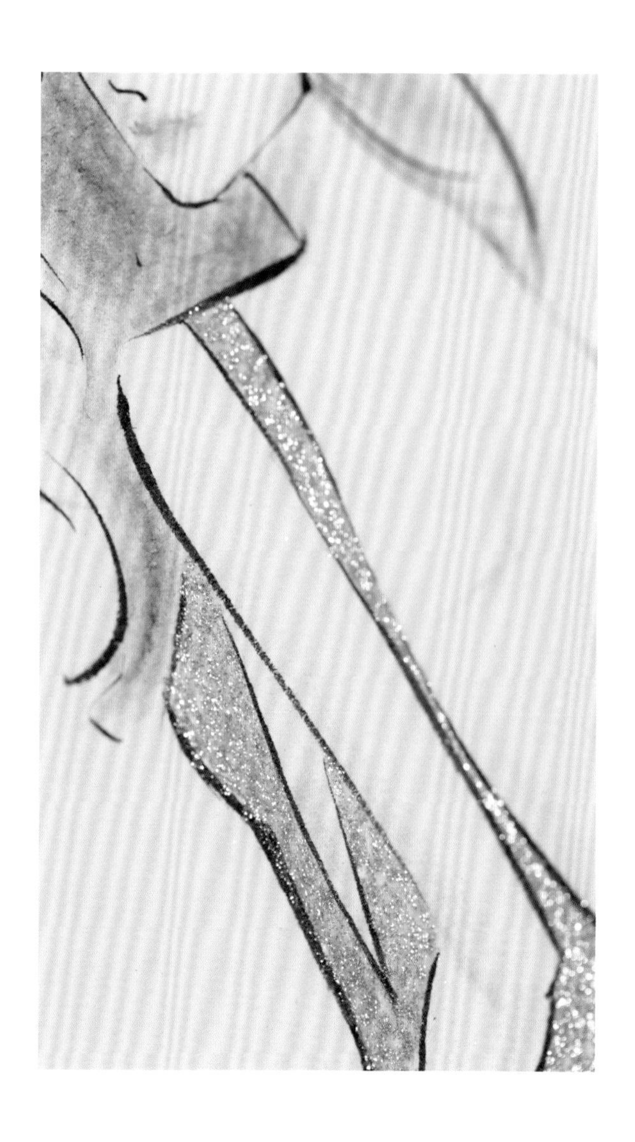

正面

手工缝制细缀亮片，搭配精致的法国网纱，优雅又性感。

金丝织花礼服

工具和材料

墨笔、油性色铅笔、亚克力颜料

设计思路

采用立体剪裁的制作方式，重点在于胸前皱褶与背部单结延伸出的衣摆。大胆的花色运用也让礼服与众不同。

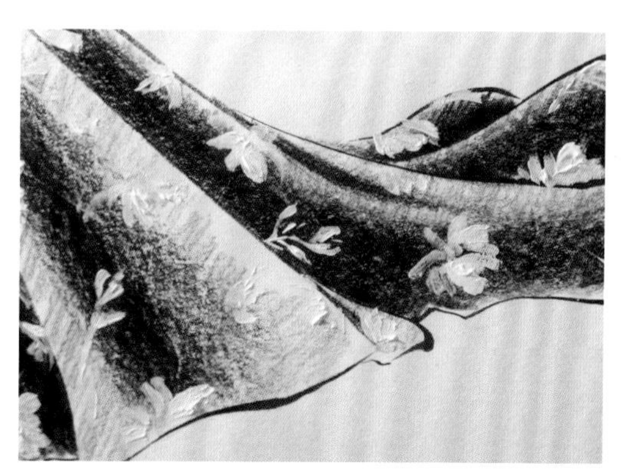

正面

做工细致，布料完美地呈现出礼服的垂坠感。

数艺社教程分享

本书由数艺社出品，“数艺社”社区平台（www.shuyishe.com）为您提供后续服务。

“数艺社”社区平台，为艺术设计从业者提供专业的教育产品。

与我们联系

我们的联系邮箱是 szys@ptpress.com.cn。如果您对本书有任何疑问或建议，请您发邮件给我们，并请在邮件标题中注明本书书名及ISBN，以便我们更高效地做出反馈。

如果您有兴趣出版图书、录制教学课程，或者参与技术审校等工作，可以发邮件给我们；有意出版图书的作者也可以到“数艺社”社区平台在线投稿（直接访问 www.shuyishe.com 即可）；如果学校、培训机构或企业想批量购买本书或数艺社出版的其他图书，也可以发邮件给我们。

如果您在网上发现针对数艺社出品图书的各种形式的盗版行为，包括对图书全部或部分内容的非授权传播，请您将怀疑有侵权行为的链接通过邮件发给我们。您的这一举动是对作者权益的保护，也是我们持续为您提供有价值的内容的动力之源。

关于数艺社

人民邮电出版社有限公司旗下品牌“数艺社”，专注于专业艺术设计类图书出版，为艺术设计从业者提供专业的图书、U书、课程等教育产品。领域涉及平面、三维、影视、摄影与后期等数字艺术门类；字体设计、品牌设计、色彩设计等设计理论与应用门类；UI设计、电商设计、新媒体设计、游戏设计、交互设计、原型设计等互联网设计门类；环艺设计手绘、插画设计手绘、工业设计手绘等设计手绘门类。更多服务请访问“数艺社”社区平台www.shuyishe.com。我们将提供及时、准确、专业的学习服务。